精细化城市洪涝模型研究

王艳梅 王雪柳 刘利轩 著

·北京·

内 容 提 要

全书共六章，结构清晰、内容充实。本书围绕城市暴雨洪水建模中的关键科学问题与工程瓶颈，系统开展从基于 MKFCM-MRF 聚类算法的城市下垫面地物识别、雨水管网复杂流态数值计算、精细化地表产汇流和地上地下双层耦合计算到基于无网格方法构建城市三维洪水演进模型等多个方面的深入研究。

本书具有较强的理论深度与工程实践价值，适用于从事城市水务、水文水资源、GIS 遥感与水动力模拟相关领域的科研人员、工程师及高校师生，也可作为智慧水务与防洪减灾规划决策的参考读物。

图书在版编目（CIP）数据

精细化城市洪涝模型研究 / 王艳梅等著. -- 北京：中国水利水电出版社, 2025. 6. -- ISBN 978-7-5226-3193-6

Ⅰ. P426.616

中国国家版本馆CIP数据核字第20255LN050号

书　　名	**精细化城市洪涝模型研究** JINGXIHUA CHENGSHI HONGLAO MOXING YANJIU
作　　者	王艳梅　王雪柳　刘利轩　著
出版发行	中国水利水电出版社 （北京市海淀区玉渊潭南路1号D座　100038） 网址：www.waterpub.com.cn E-mail：sales@mwr.gov.cn 电话：（010）68545888（营销中心）
经　　售	北京科水图书销售有限公司 电话：（010）68545874、63202643 全国各地新华书店和相关出版物销售网点
排　　版	中国水利水电出版社微机排版中心
印　　刷	天津嘉恒印务有限公司
规　　格	170mm×240mm　16开本　7.5印张　151千字
版　　次	2025年6月第1版　2025年6月第1次印刷
定　　价	45.00元

凡购买我社图书，如有缺页、倒页、脱页的，本社营销中心负责调换

版权所有·侵权必究

前　言

随着全球气候变化加剧和城市化进程不断加快，极端暴雨事件的频率与强度显著上升，城市洪涝灾害呈现出高发、频发、强发的趋势，已成为影响我国城市运行安全与居民生活质量的重大隐患之一。近年来，诸如"7·21北京暴雨"等极端事件频繁发生，造成了严重的人员伤亡与财产损失，也凸显出城市排水系统的脆弱性与应急响应机制的不足。如何科学高效地预测、模拟和应对城市内涝问题，已成为城市管理者和科研人员面临的重要课题。

构建高精度、精细化的城市暴雨洪水模型，是提升城市防灾减灾能力、实现智慧水务管理和智慧城市建设的重要技术支撑。传统的城市雨洪模型由于数据精度有限、地形地物建模粗略、地下雨水管网流态简化、地上地下系统耦合不足等问题，在面对快速、剧烈、多变的暴雨洪水情势时，难以满足现阶段防洪预警与应急决策的需求。因此，开展融合遥感与无人机技术、具备复杂水动力计算能力、能实现三维动态演示的城市洪水模拟研究，具有重要的理论意义与实践价值。

本书在深入梳理国内外城市洪涝建模理论与发展现状的基础上，结合前沿的遥感解译、数值模拟与可视化技术，围绕"高精度数据获取—复杂流态数值计算—地表产汇流分析—地上地下系统耦合—三维洪水演进模拟"等关键环节展开系统研究。具体内容包括：

（1）提出基于多核模糊C均值的马尔科夫随机场聚类算法（MKFCM-MRF），结合高精度无人机影像，实现对城市下垫面地物类型的高精度识别。

（2）针对雨水管网中明满流和跨临界流的数值稳定性问题，改进Preissmann四点隐式格式，分析对流加速项对模拟精度的影响。

（3）建立基于动量和能量理论的雨水井突变断面水力特性模型，

并通过水工试验加以验证。

（4）构建以栅格单元为基础的精细化地表产流与汇流模型，引入雨水篦子—雨水井耦合机制，实现地上地下双层水力系统的动态耦合。

（5）基于 DualSPHysics 无网格方法，结合倾斜摄影三维建模技术，构建建筑物影响下的三维城市洪水演进模型，为城市洪水演示、应急演练与智慧决策提供可视化支持。

衷心希望本书能为我国城市暴雨洪水建模技术的发展与实践应用提供有益的参考与借鉴，并为智慧城市与智慧水务的建设贡献力量。由于作者水平有限，难免有不妥之处，恳请读者批评指正。

作者

2025 年 4 月

目 录

前言

第1章 绪论 ... 1
1.1 研究背景和意义 ... 1
1.1.1 研究背景 ... 1
1.1.2 研究意义 ... 3
1.2 国内外研究现状 ... 3
1.2.1 城市雨洪计算方法与模型研究现状 ... 3
1.2.2 基于遥感影像的城市下垫面地物识别研究现状 ... 7
1.2.3 城市雨水管道水力计算方法研究现状 ... 8
1.2.4 城市建筑物影响下雨洪计算研究现状 ... 9
1.2.5 有待研究的问题 ... 11
1.3 研究内容与技术路线 ... 12
1.3.1 研究内容 ... 12
1.3.2 创新点 ... 12
1.3.3 技术路线 ... 12

第2章 基于 MKFCM-MRF 聚类算法的城市下垫面地物识别研究 ... 14
2.1 无人机影像采集及预处理 ... 14
2.1.1 UAV 影像采集 ... 14
2.1.2 UAV 影像预处理 ... 15
2.2 构建基于多核模糊 C 均值的马尔科夫随机场模型 ... 17
2.2.1 多核模糊 C 均值（MKFCM）算法 ... 17
2.2.2 马尔科夫随机场（MRF）模型 ... 19
2.2.3 构建基于多核模糊 C 均值的马尔科夫随机场模型 ... 20
2.3 基于 MKFCM-MRF 聚类算法的无人机影像聚类结果 ... 21
2.3.1 实验结果 ... 21
2.3.2 精度分析 ... 23
2.4 SWMM 模型验证 ... 25
2.5 本章小结 ... 27

第3章 雨水管网复杂流态数值计算研究 ·· 29
3.1 雨水管网明满流数值模型研究 ·· 29
3.1.1 明满流数值模型控制方程 ·· 29
3.1.2 明满流数值模型控制方程离散格式适用性研究 ········· 33
3.1.3 明满流数值计算验证 ·· 39
3.2 雨水管网过水断面突变的理论分析与水工试验研究 ········· 44
3.2.1 雨水管网过水断面连续突变理论分析 ·· 44
3.2.2 雨水管网过水断面的水工试验研究 ·· 50
3.3 本章小结 ·· 56

第4章 精细化地表产汇流和地上地下双层耦合计算研究 ·· 58
4.1 地表产汇流模型研究 ·· 58
4.1.1 基于不同覆盖类型栅格的地表产流计算模型 ········· 58
4.1.2 考虑相邻子汇水区水量交换的地表汇流计算模型 ····· 65
4.2 地上地下双层耦合计算方法研究 ·· 68
4.2.1 雨水篦子-雨水井耦合的地上地下水量交换量计算方法 ········· 68
4.2.2 雨水篦子-雨水井耦合的地面水位计算方法 ········· 73
4.2.3 子汇水区与雨水井-雨水篦子水量交换后地面水位或淹没水深计算 ········· 74
4.3 模型验证 ·· 75
4.3.1 建立基础数据库 ·· 75
4.3.2 数值计算结果分析 ·· 77
4.4 本章小结 ·· 82

第5章 基于无网格方法构建城市三维洪水演进模型 ·· 83
5.1 DualSPHysics 模型理论基础 ·· 83
5.1.1 基本思想与光滑核函数 ·· 83
5.1.2 控制方程 ·· 85
5.1.3 时间步长 ·· 87
5.1.4 边界条件 ·· 89
5.2 DualSPHysics 数值模拟结果及计算性能分析 ·· 90
5.2.1 DualSPHysics 数值模拟结果与试验数据结果对比分析 ········· 90
5.2.2 DualSPHyscis 数值模拟计算性能分析 ·· 92
5.3 基于 DualSPHysics 的城市洪水演进模型的应用 ·· 94
5.3.1 建筑物影响下的城市洪水演进模拟 ·· 94
5.3.2 三维实景下城市洪水演进模拟 ·· 95
5.4 本章小结 ·· 99

第 6 章　结论与展望 ………………………………………………… 101
　6.1　主要结论 ……………………………………………………… 101
　6.2　研究展望 ……………………………………………………… 102
参考文献 …………………………………………………………… 103

第1章 绪　　论

1.1 研究背景和意义

1.1.1 研究背景

在过去的半个世纪，全球城市化的快速发展导致了土地利用的急剧变化[1-2]。不透水地表（如屋顶、道路等）和其他硬化地表的增加[3]使城市洪涝风险加剧，居民和财产的高度集中[4]，使得城市洪涝灾害对城市产生的危害更大[5]。尤其是近年来，在全球气候变暖的背景下，极端降雨的频率和强度呈上升趋势，城市洪涝灾害也越发严重，即使发达国家也难以幸免。其中具有代表性的城市洪涝灾害有：2005年8月29日的"卡特里娜"飓风袭击美国南部的城市新奥尔良[6]，造成上百万人流离失所，约1185人死亡，直接经济损失约1080亿美元，是美国历史上损失最严重的洪涝灾害；2010年的7月中旬到8月中旬，巴基斯坦的四个省都受到了洪水的严重影响，造成至少1750人死亡，约2500人受伤，至少2300万人受到影响，这次洪水被认为是巴基斯坦历史上最严重的洪水；2013年6月8日，加拿大的阿尔伯塔省南部由强降雨引发灾难性洪水，造成断电、许多道路被封闭，导致约3万人死亡、多达10万人流离失所，总损失估计超过50亿加元，保险赔偿达17亿加元，是加拿大历史上损失最严重的一次城市洪涝灾害；2012年7月21日，我国北京发生特大暴雨，此次暴雨使得北京及其周边遭遇了61年来的最强暴雨及洪涝灾害，导致交通瘫痪、道路中断，致使79人死亡，约10660间房屋倒塌，160.2万人受灾，经济损失达116.4亿元。

依据2011—2017年我国洪涝灾情统计结果[7-13]绘制2011—2017年我国洪涝灾害的受灾人口、死亡人口、失踪人口、农作物受灾面积、房屋倒塌数量及受淹城市数量和直接经济损失对比图，如图1.1所示。由图可知，近年来，洪涝灾害每年都会侵袭我国100座以上的大中小城市，每年的直接经济损失达上千亿元。其中，2011年的房屋倒塌间数最多，达69万间；2012年的受灾人口和农作物受灾面积最多，分别是12367人和1121.8万hm²；2013年的受淹城市最多，高达234座，且当年的死亡人口、失踪人口也最多，分别是775人和374人。

综上可知，城市洪涝灾害给各国的经济都带来了巨大的损失，且随着城市化进程的发展，预测显示在2030年发达国家的城市人口占比将从2000年的

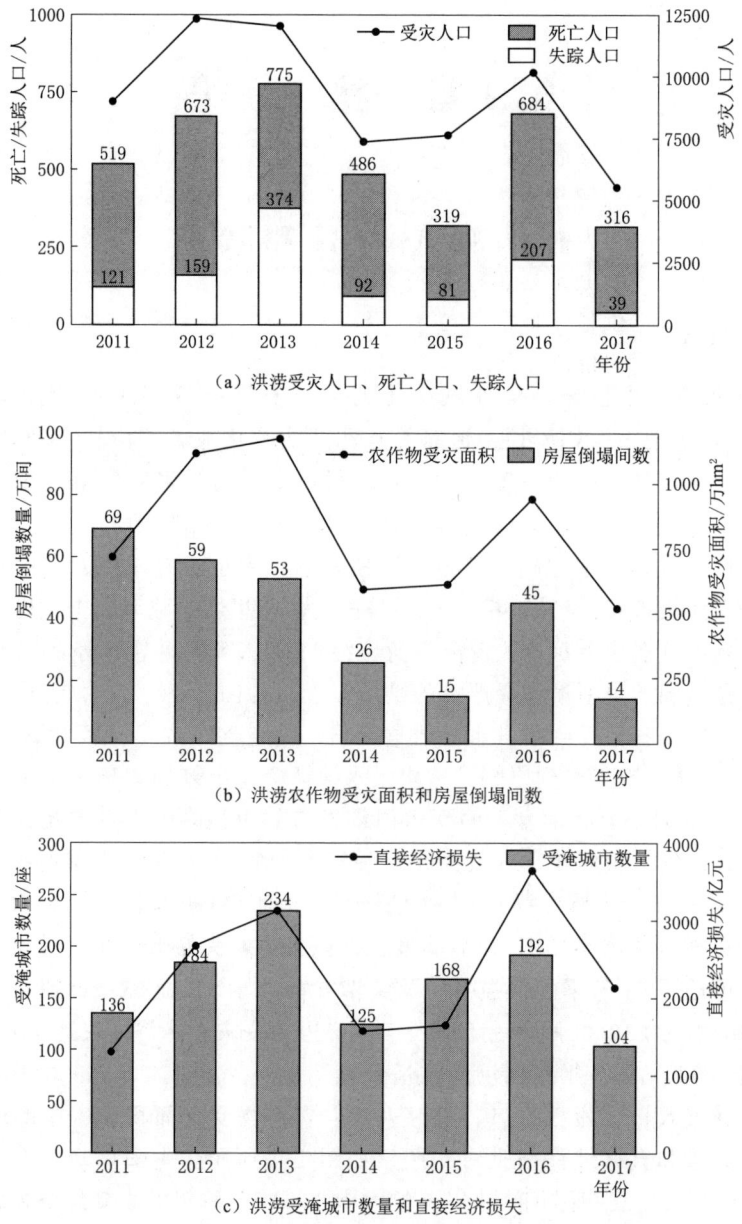

图 1.1 2011—2017 年我国洪涝灾情统计结果对比图

75%上升到 83%,同时期发展中国家的城市人口占比预计将从 40%上升到 55%~60.5%[14]。因此,大型城市如何应对极端暴雨带来的洪涝灾害成为当前的研究热点。

1.1.2 研究意义

近年来,我国各大城市都在发展智慧城市,智慧水务在智慧城市中扮演着重要的角色——城市水务的智慧管理和智慧服务,而越发严重的城市洪涝灾害给智慧水务的管理和发展带来了严峻的挑战[15-19]。构建城市暴雨洪水模型是智慧水务防洪减灾的关键技术之一,但是由于城市下垫面地物复杂、雨水管网计算通常以概化为主,为构建准确、高效的城市暴雨洪水模型带来了巨大的挑战。为了及时准确地获取城市暴雨洪水模型数值模拟结果,给智慧城市的水务规划和风险应急管理提供科学的决策支持,精细化的城市暴雨洪水模型研究具备重要的科研价值和实用价值。

1.2 国内外研究现状

1.2.1 城市雨洪计算方法与模型研究现状

1.2.1.1 城市雨洪计算方法

城市雨洪计算主要依据城市降雨径流规律、地下管网汇流理论,采用数值模拟技术进行研究,通常城市雨洪计算方法分为水文学计算方法和水动力学计算方法[20]。

1. 水文学计算方法

水文学计算方法将城市水循环系统看作一个"黑箱"或"灰箱"系统,借助输入和输出的响应关系或者具有一定物理机理关系的方程来描述系统水文过程和水循环[21]。由于城市地表覆盖物的种类繁多且分布复杂,通常将城市下垫面分为不透水区和透水区,不透水区产流计算方法是从降雨量中扣除填洼、截留、蒸发等损失量,透水区产流计算方法则是采用径流系数法[22]、SCS-CN(曲线数)法[23]、下渗曲线法[24](Horton 公式、Philip 公式、Green-Ampt 公式)或概念性降雨径流法[25]进行计算;地表汇流计算方法主要有推理公式法[26]、等流时线法[27]、单位线法[28]、线性水库法及非线性水库法[29]等。城市暴雨洪水产汇流计算的水文学计算方法已广泛应用于建模实践中,但由于对城市复杂下垫面产流规律缺乏系统的认识,水文学计算方法总产流量计算仅停留在不透水区产流量和透水区产流量简单叠加的阶段,且汇流计算方法均为简化算法,对输入的数据和参数要求不高,虽然易于普及应用,但是模拟精度不高、模拟过程的时空尺度也不能过小。

2. 水动力学计算方法

水动力学计算方法是随着计算机技术发展而兴起的,国内外学者对城市雨洪水动力学计算方法进行了大量研究工作,主要集中在圣维南方程组简化及其数值求解上。首先,圣维南方程组计算复杂,对资料要求较高,在实际应用中多采用其简化形式,如动力波方程、扩散波方程、运动波方程等[4]。其中,动力波方程计算精度较高,适用于各种管道坡度和入流条件,能模拟峰值在管道中传播的衰减和回水影响,在资料充足、精度要求较高时采用,但该方程计算比较复杂,有时会出现数值不稳定现象;扩散波方程计算比动力波简单,在大部分条件下与动力波的结果差异较小,精度也较高;运动波方程计算简单,适用于坡度大、下游回水影响小的管道和河渠的水流运动,运动波忽略了扩散项和惯性项,峰值不会衰减,这与实际有差异[30-31]。其次,圣维南方程组呈现双曲型非线性特点,无法得到解析解。目前提出了不同的解法对其进行求解,如有限差分法(Finite Difference Method,FDM)、有限元法(Finite Element Method,FEM)、有限体积法(Finite Volume Method,FVM)、光滑粒子流体动力学法(Smooth Particle Hydrodynamics,SPH)等[32],前三种方法的求解以网格为基础,应用比较广泛;而 SPH 是近年来逐渐发展起来的一种无网格方法,且已用于真实的洪水模拟[33]。通过求解圣维南方程组模拟城市暴雨洪水比水文学计算方法更为详尽的汇流过程。近年来 Djordjevic 等[34] 提出的城市雨洪双层排水模型引起了广泛关注[35-43],双层排水模型包含两个耦合模型,分别用于计算城市地表径流传递和雨水管网的汇流,前者称为主要排水系统,后者称为次要排水系统[44]。以往研究中管网汇流通常采用一维圣维南方程计算,地表汇流模型可采用一维圣维南方程或者二维圣维南方程进行求解,则产生了一维-一维(1 Dimension-1 Dimension,1D-1D)和一维-二维(1 Dimension-2 Dimension,1D-2D)的双层排水模型。在 1D-1D 双层排水模型中,城市地表被视为河道的一维模型,该方法主要关注的是从数字地形模型生成合理逼真的一维地表;如果采用高分辨率的地形数据,1D-2D 双层排水模型能够精确表示城市地表,但是其计算成本较高。尤其是在建筑物密集的城区,通常认为街道是水流的主要通道,采用一维模型模拟街道水流,到目前为止,已经开发了大量的一维模型,如 DHI(Danish Hydraulic Institute,丹麦水力研究所)、InfoWorks CS(InfoWorks Collection System,污水与雨水系统建模软件)、SWMM(Storm Water Management Model,暴雨径流管理模型)等,虽然这些模型中大多数可利用水位容积曲线确定检查井的超载量和积水深度,但是一维模型不能模拟雨水管网与地表径流之间相互作用的复杂现象。许多学者对 1D-2D 模型模拟城市暴雨洪水进行了研究,Seyoum 等[45] 将 SWMM5 和一个新开发的二维非惯性地表汇流模型相结合;Yu 等[46] 和 Fan 等[47] 采用隐式双时间步长法,大大提高了一维和二维模型的计算效率;克雷迪特谷保护局(Credit Valley Conservation Authority,CVC)和密西沙加市合作开发了高分辨率水文-水动力双排水模型，以满足高度城市化的需求[38]；Leandro 等[48] 评估了这两种模型的潜力和局限性，研究表明，一维模型具有经济性、稳健性，建议在校准更快的 1D-1D 模型时，可利用 1D-2D 模型的可靠结果整合这两个模型的优点，但是在大型洪水期间，一维模型是不够，最好采用二维模型来描述城市的地表水流。

水文学计算方法和水动力学计算方法在城市雨洪计算方法的发展史上均具有举足轻重的作用，也因为两种方法本身的局限性推动了水文-水动力学计算方法的发展[49]，城市雨洪水文-水动力耦合模型集聚了两者的优点，既提高了模型的精度，又减少了计算成本，也是目前的研究热点。

1.2.1.2　城市雨洪模型

从 20 世纪 60 年代，有关城市暴雨洪水的水文学模型和水动力学模型层出不穷，美国、英国、丹麦、澳大利亚、中国等诸多国家的科研单位和学者研发了从简单的概念性到复杂的水动力学、从统计到确定性等多种城市暴雨洪水模型，通常城市暴雨洪水模型由降雨径流模块、地表汇流模块和地下排水管网模块组成[50]。

英国公路研究所于 1962 年根据时间-面积-径流演算方法最早开发了城市流域模拟模型——公路研究所法（TRRL），但由于 TRRL 模型估算的洪峰流量和径流量偏低，Terstriep 和 Stall 对 TRRL 在 1974 年对其进行了修正，建立了著名的伊利诺伊州城市排水模拟模型（ILLUDAS）和伊利诺伊州雨水管道系统模拟模型（ISS）。但城市暴雨洪水建模开端的真正标志是 1961—1971 年由美国环保署开发的暴雨管理模型（SWMM），也是目前最完整的降雨-径流-水质模型[51]。辛辛那提大学 1972 年提出的城市径流模型（UCURM）首次将汇水区依据不同的透水性质分为透水区域和不透水区域。此后美国陆军工程师兵团开发的 STORM、英国水力研究所开发的 Wallingford、美国环保署开发的 QQS 等模型既具备模拟水量，又具备模拟水质的能力，能用来模拟城市暴雨洪水过程。除此之外，还有澳大利亚的 XP-SWMM、丹麦 DHI 开发的 MIKE FLOOD 等，且 MIKE FLOOD 将 MIKE11、MIKE21 和 MIKE URBAN 进行了动态耦合。

我国对城市暴雨洪水模型研究较晚，最早的城市暴雨洪水模型是 1990 年由岑国平等[52] 提出的城市雨水径流计算模型（SSCM），但未考虑压力流和环状管网；随后周玉文[53] 根据城市雨水径流的特点建立了城市雨水径流模型；徐向阳[54]、解以扬等[55] 采用无结构不规则网格建立了城市雨洪模拟系统；陈洋波等[56] 以东莞为研究对象建立了各模块相互独立的东莞市内涝预报模型；仇劲卫等[57] 建立了天津市城区暴雨洪涝仿真模拟系统，动态地显示预警预报信息；耿艳芬[58] 建立了城市雨洪水动力耦合模型，把一维管网汇流和二维的地表汇流相结合；喻海军[59] 建立了城市洪涝一维、二维耦合模型，并在耦合处提出新的水量交换计算方法;李磊等[26]开发了城市排水管网模拟软件,具有一定的通用性。国内外城市暴雨洪水模型对比见表1.1。

表1.1　　　　　　　　国内外城市暴雨洪水模型对比表

国　　外		国　　内	
TRRL（英国公路研究所）	是一种恒定流流量过程演算法,可单次或连续模拟,但不能模拟回水影响和管道蓄水,且仅考虑不透水区域与管道系统连接的部分产流	城市雨水径流计算模型（岑国平）	坡面采用变动面积-时间曲线法,管道采用时间漂移法和简化的扩散波演算
SWMM Level 1（美国环保署）	径流系数计算,结构简单,采用手工计算,为SWMM模型打下基础	平原城市雨洪过程模拟模型（徐向阳）	分为产流、坡面汇流、管网汇流、河网汇流四个模块
UCURM（美国辛辛那提大学）	将汇水区域概化成透水区和不透水区两部分,不透水区域只需扣除初损失量,由入渗、洼地蓄水、地表径流、边沟流和管道演算等模块组成	城市雨水径流模型（周玉文等）	分为地表径流和管网径流,主要用于设计、模拟和排水管网的工况分析,风险评价及防洪减灾中
ILLUDAS和ISS（伊利诺伊州）	在TRRL基础提出的,采用降雨损失法计算地表产流,分别采用线性运动波和圣维南方程计算管网的洪峰流量及流量过程线,后者主要用于雨水管道的模拟	城市雨洪模拟系统（解以扬等）	以城市地表与明渠、河道水流运动为主要模拟对象,以水力学模型为基础,引入"明窄缝"的概念
STORM（美国陆军工程师兵团）	可以计算径流过程、污染物的浓度变化过程,用于大尺度规划以及工程规划阶段对流域长期径流过程的模拟	东莞市内涝预报模型（陈洋波等）	由排水分区与网格划分、雨量同化、产流、地表汇流和管网汇流等相互独立模块组成
Wallingford（英国水力研究所）	给出了城市雨洪模型的基本框架,但未考虑地表与地下管网的水量交换	天津市城区暴雨洪涝仿真模拟系统（仇劲卫）	能动态叠加显示暴雨监测和预报信息、沥涝分布信息等
QQS水量水质模型（美国环保署）	可以对单一事件或者长期连续时段模拟,非开源	城市雨洪水动力耦合模型（耿艳芬）	模型是一二维耦合,模拟地面河道与集水区之间的水量交换、地表径流和地下管网之间的水量交换
SWMM（美国环保署）	不限制模拟时间步长,分为气候、水文、水动力等模块;水动力模块将城市管网概化成节点和管线,开源,缺点是一维	城市洪涝一二维耦合模型（喻海军）	针对一维、二维的数值计算方法进行了改进,在一二维耦合处提出新的水量交换的计算方法

续表

	国　　外		国　　内
MIKE21（丹麦水力研究所）	可二维水动力模拟，MIKE组件功能模块众多，耦合方便	城市排水管网模拟软件（北京清控人居环境研究所）	完整模拟降雨、汇流、径流排放等过程，提供多界面多模式的模拟结果的动态显示
成熟的城市雨洪模型软件	丹麦 DHI 的 MIKE；英国 Wallingford 的 Infoworks；美国 EPA 的 SWMM 等	我国城市雨洪模型的现状	水文水动力耦合模型；一维、二维耦合的水动力模型；基于 GIS 的水利信息模型

对比国内外城市暴雨洪水模型的特点和应用，发现在功能和通用方面存在较大的差距[60]，首先，国外开发的软件通常集合水量、水质模拟及排水防洪规划等多方面内容，功能较强；国内自主开发的城市雨洪模型通常围绕某一特定问题展开，如城市排水、城市防洪等，功能相对薄弱一些，而且由于建模机制不足，各模块的运行计算是相互独立的。其次，国外模型可广泛用于各城市的排水设计、规划和管理等诸多工作；国内模型通常结合某城市进行研发，通用性有待提高。

1.2.2　基于遥感影像的城市下垫面地物识别研究现状

城市下垫面的构成相当复杂，如建筑物、街道、河流、高架桥、涵洞、植被等不同的地物构成，给构建准确、高效的城市雨洪模型的带来了巨大的挑战。随着遥感（Remote Sensing，RS）技术及遥感图像处理技术的发展，快速提取城市的下垫面信息（如 Quick‑Bird、IKONOS、SPOT、WorldView2 等高分辨率影像）成为可能。

为获取高精度的城市下垫面地物类型，需采用有效的聚类算法。目前，影像聚类分析中最直接有效的算法是模糊聚类算法，其中模糊 C 均值（Fuzzy C‑Means，FCM）聚类算法的应用最为广泛[61-63]，但是模糊 C 均值聚类算法仍然缺乏对噪声和异常值的鲁棒性。针对这一问题，Huang 等[64]提出了一种基于局部监督的模糊 C 均值聚类方法，该方法表现良好；Mehena 等[65]提出了一种用于分割问题的空间多核模糊 C 均值算法（SMKFCM），利用多核与空间信息的线性组合方法，推导出了复合核线性系数的改进方法；Du 等[66]将改进聚类法（ECM）和 FCM 相结合，提出了一种新的遥感图像分割方法，利用 FCM 算法解决了 ECM 初始化聚类中心的选择问题，并利用 FCM 对得到的聚类中心进行优化，完成了模糊聚类；Nookala 等[67]为了降低灵敏度，提出了一种基于空间信息的多核模糊 C 均值方法（Multiple Kernel Fuzzy C Mean，MKFCM），作为图像分割问题的框架；Dhanalakshmi 等[68]采用"Haar"函数的离散小波变换、改进的多核模糊 C 均值聚类（MMKFCM）和自适应水平集方法，为新的图像分割提出了一种新的算法；Nguyen 等[69]为了克服传统 FCM 的不足，利用模糊聚类方法在区间 2 型模糊集处理不确定性方面的优势，建立了 KIT2FCM 算法，且将不同的内核结合起来构建了 MKIT2FCM，提供了一种更为灵活的工具来融合分类问题中不同的数据信息；Nguyen 等[70]通过将每个输入特性映射到单个内核空间，并将这些内核与相应内核的优化权重线性组合，构建了一个复合内核；Zhou 等[71]还开发了一种新的分类优化方法，将自适应 MRF 和模糊局部信息（CAMRF-FLI）相结合，用于高空间分辨率多光谱图像（HSRMI）；Binu 等[72]提出了一种基于马尔科夫（Markov Random Fields，MRF）的混合算法 MRF-Cuckoo，它是 Cuckoo 搜索算法与基于多核模糊 C 均值算法的混合，与传统方法相比，该方法能在均匀区域重建分类图，减少边缘模糊阴影，提高分类精度。由于所有事物都是相关的，相似事物之间的关系更为密切，但是模糊理论没有考虑图像邻域的相关性，马尔科夫随机场理论指出，在已知任何一个像素状态的情况下，考虑像素处随机场状态的概率与其邻域状态，可以有效地分割图像的纹理和边缘。因此，将 FCM 和 MRF 结合作为新的算法来处理图像分割得到了许多学者的关注[73-79]。

1.2.3　城市雨水管道水力计算方法研究现状

城市雨水管网汇流模型是构建城市雨洪模型不可缺少的模块，因此，研究城市雨水管网的水力数值计算是一项非常重要的任务[80]。雨水管道内的水流正常情况下是无压流，但是在极端降雨情况下，由于雨水管道的排水能力是有限的，城市地表径流量超过雨水管网的容量，管道内将完全充满水，从而导致管内雨水从无压流过渡到有压流[81]。在流态转换的过程中，瞬时突变现象将可能对雨水管网排水系统造成结构性破坏，尤其是开始转换时更加剧烈。因此，在构建雨水管网汇流模型时，需要了解无压流和有压流以及两种流态瞬时转换方程组之间的差异性，尤其是无压流与有压流过渡中混合界面处理。目前，激波捕捉法和激波拟合法是研究水力瞬变过程中较为常用的方法，也最为有效。激波捕捉法采用 Preissmann 窄缝法，即假想在管道顶部增加一条窄缝，将有压流视为无压流，该方法主要优点是无须追踪有压与无压的交界面，且已应用于城市排水系统[81-83]，但它本身也有缺点，在负压下无法使用数学模型[84]；激波拟合法是通过不同的方程组分别描述无压流和有压流，且管网中的气泡和负压均能得到处理[85]，但由于无压流和有压流之间的界面是运动界面，需要引入附加方程（相容条件和特征方程），这需要非常复杂的算法结构来追踪不连续流的存在和当前位置，以便从一个程序切换到另一个程序[86]；Hatcher 等[87] 采用激波拟合法取得了令人满意的结果，但是自由面内流动截面的水深影响自由面的计算，且对预应力界面的强度带来过度的限制。

此外，对于亚临界流，Preissmann 四点隐式格式是数值模型中应用最广泛的格式之一[88]。这是由于隐式有限差分法具有无条件稳定性和极强的鲁棒性，是一种适用于超临界流流动的有效方法，但如果考虑非定常条件下的跨临界流，则该格式对两种状态共存的水流是无效的[89-90]。Kutija[91] 提出的采用亚临界流创建的数值方法处理跨临界流问题，这种方法可以应用于一个退化方程组，当水流变成超临界流时，降低对对流项的影响；Djordjevi 等[92] 为了减少人为地扩散，保证数值的稳定性，在对流加速项前乘以系数 $\alpha(Fr)$（其中 Fr 为流量的弗劳德数）使其局部减小；对于城市洪泛区，Abebe 等[93] 采用在动量方程中忽略对流加速项的简化模型，模拟了超临界和跨临界流的一维流动，研究表明该模型可以有效地模拟城市洪泛区。许多学者已经做了大量的工作去求解自由表面流与有压流耦合下的方程组。其中一部分基于有限体积法，另一部分基于 Preissmann 隐式差分法。对于前者，Bourdarias 等[94] 采用动力学的方法遵循迎风格式提出了一个源项近似法；基于有限体积法框架中的一阶 Roe 方案，Fernández-Pato 等[95] 也建立了数值模型；Abebe 等[93] 利用 Mike 11 模型，采用 Kutija 方法和黎曼格式对一维水流进行建模。对于后一种方法，Zhong[83] 是采用"超链接"算法、交错网格和隐式格式提高计算的稳定性和速度；Jhal 等[96] 提出了黎曼的通量差分格式模拟封闭管道内水流流动；Kerger 等[97] 采用一阶显式有限体积 Godunov 格式求解方程组；An 等[82] 提出了一种新的混合数值通量求解方法，将迎风通量求解与中心通量求解相结合。总之，这些算法在计算域的每端都施加一个边界条件，主要目的是使用相同的算法处理亚临界流、超临界和跨临界流问题。

1.2.4 城市建筑物影响下雨洪计算研究现状

建筑物在城市环境中占据相当大的空间，且几何形状复杂。当发生城市内涝时，建筑物的墙体通常将洪水排除在内部空间之外，水流是绕过建筑物进行流动，而不是流入或流过建筑物，除非建筑物的入口是敞开的。在城市暴雨洪水计算中，建筑物会引起水位、流速、水流阻力的变化，进而影响城市地面洪水演进模拟。

目前，许多国内外学者对城市建筑物在雨洪计算中的影响进行了研究，其中屋面高程采用精细化网格，是最简单、但计算代价最高的一种解决方案，因为当网格尺寸比建筑物尺寸大一个数量级时，地面高程通常与增加的局部粗糙度一起进行数值模拟，且这种增加的局部粗糙度没有客观设定的标准可遵循。另一种解决方案是将加糙网格中的精细网格的平均高程作为建模的平均网格，但是模拟结果过于粗糙，无法描述实际应用中局部现象。为了改善加糙网格建模的状况，建筑物覆盖率和水流衰减系数被引入到二维城市雨洪模型中以捕捉加糙网格内的建筑物特征[98]，该方法计算时间短，模拟结果良好，但是不能反映建筑物平分加糙网格时的流动现象。为克服这个问题，Chen 等[99] 采用了多层模型来反映加糙网格单元内的建筑物，每一层网格都有自己的参数（海拔、粗糙度、建筑物的覆盖率及输送折减系数）来描述自身和相邻网格的边界条件，该方法大大提高了加糙网格建模的精度，也不需要额外的计算成本；Lee 等[100] 对建筑物和道路网格的高度进行了适当调整，提出了一个可以反映真实场景的城市雨洪模型。许多研究者对加糙法和高程上升法持保留意见，因为它们不能模拟建筑物内的洪水流量，因此不考虑建筑物可能产生的蓄水效应；为了避免这一缺点，具有"多孔特性"的建筑物被提出[101]；周浩澜等[102] 引入容积率系数，构建了容积率方程对洪水流经建筑群的沿程水力特性进行了研究；Schubert 等[19] 采用一种具有孔隙率的浅水模型，用于考虑地面上因存在建筑物和其他结构而导致蓄水量和交换段的减少；Soares-Frazão 等[103] 引入了一个源项，用以表示由于地形异常（如建筑物角落）而造成的水头损失，该源项基于孔隙率法去考虑储存和交换段的减少。Bellos 等[104] 采用一种新设计的全动态数值模型 FLOW-R2D 进行洪水模拟，该模型基于有限差分法和 McCormack 格式求解的二维浅水方程，通过反射边界法表示建筑物；翁浩轩等[105] 引入建筑物密度系数，研究了建筑物对城市洪水研究的影响。

随着高质量地形数据的可用性和计算能力的提高，现在越来越重视开发高精度的洪水建模技术[106-108]。Gallegos 等[109] 采用非结构网格、Godunov 型及有限体积模型模拟了一个城市居民区的溃坝洪水事件，并采用高分辨率数据对其模型进行了验证；Brown 等[110] 采用了一种基于激波捕捉数值格式和高分辨率地形数据构建的风暴潮和地面流耦合模型，模拟城市地区的极端洪水；Chen 等[111] 基于地理信息系统（Geographic Information System，GIS）建立了城市模型对城区洪水进行了二维可视化研究；Zhang 等[112] 采用虚拟现实技术建立了城市防洪信息平台，实现了不同时刻洪水淹没范围查询等功能；城市洪水演进的范围、水深、流速等关键水情信息计算时多采用二维洪水演进模型[113] 或 1D-2D 耦合的洪水演进模型[19]。然而城市洪水具有三维（3 Dimension，3D）特性，这是因为建筑物作为障碍物改变了滞流压力和横向剪切力，引起了流动分离。Lane 等[114] 发现三维计算流体力学模型提供了更可靠的床面剪应力估计，与二维模型相比，它们提供了更多的三维流动结构信息，更好地表达了流动过程；Zhang 等[115] 在密集城市使用一种新的三维洪水模型进行建模，该模型是非结构网格、求解纳维托克斯方程的有限元模型，并基于流动性进行开发。因此，为了提高对城市洪涝水流的认识，需要结合更高质量数据集的三维模型。

1.2.5 有待研究的问题

综上所述，国内外学者在城市暴雨洪水模型研究方面已经做了大量的工作，并取得了丰硕的成果，但是对于构建精细化城市暴雨洪水模型仍存在一些问题，主要表现如下。

(1) 随着遥感技术的快速发展，影像的分辨率越来越高，弥补了城市下垫面基础数据的不足，但是将无人机采集的高精度数据应用到城市暴雨洪水模型的构建中却未见报道；在影像处理方面常采用模糊聚类算法，由于该算法缺少对噪声和异常值的鲁棒性，很多学者对此进行了探讨，但是鲜有学者将多核模糊 C 均值与马尔科夫随机场结合对影像聚类。

(2) 雨水管网水流流态非常复杂，如自由表面流与有压流共存、急流与缓流共存，并且存在各种水工建筑物，给数值计算带来了困难。首先，在雨水管网复杂流态计算方面，为了采用明渠非恒定流相同的数值计算方法计算有压非恒定流或明满流或跨临界流，通常采用的方法删减动量方程的对流项或简化的能量方程，但对于 Priessmann 四点隐差分格式结构本身及其应用到明满流或者跨临界流中是否适定还有待进一步研究；其次，在水工建筑物方面，雨水井在连接上下游的雨水管道时，在未满管流状态下，管道过水断面连续突变的水力现象研究非常少见。

(3) 通常采用线性水库方法计算每个子汇水区的径流量，并将径流量分配到最近的雨水井，当雨水管网排水能力不足时，雨水从雨水井溢流到地面。可见，在地表汇流过程中鲜有学者考虑相邻子汇水区之间的水量交换问题，在地上地下双层耦合计算时也很少有学者考虑到雨水篦子。

(4) 在城市洪水演进过程中，建筑物对水流的影响往往难以有效描述，常用的处理方法有加大糙率法、设定高程法、边界法和容积率方程法等。上述方法在计算效率和精度方面还有待进一步提高，许多学者对此进行了新的探索，但是并未见学者将无网格的光滑粒子动力学方法引入到城市暴雨洪水的演进中去，也未见学者基于无网格的思想构建三维的城市暴雨洪水演进模型。

针对上述提出的问题，本书在前人理论研究和科学实践的基础上进行了一定的探索研究，以期为我国城市暴雨洪水模型的发展添砖加瓦。

1.3 研究内容与技术路线

1.3.1 研究内容

针对有待研究的问题，本书主要研究内容如下。

（1）基于 MKFCM-MRF 聚类算法的城市下垫面地物识别研究。提出一种基于多核模糊 C 均值的马尔科夫随机场聚类算法（MKFCM-MRF），采用该算法对高精度无人机影像进行聚类。

（2）雨水管网复杂流态数值计算方法研究。为计算地下雨水管网的复杂流态，通过细化分析动量方程中的对流加速项，研究 Priessmann 四点隐式差分格式在急流和跨临界流中适用性问题；针对未满流状态下雨水井引起的雨水管网过水断面突变问题，基于动量理论和能量理论对水流流态变化进行研究，并通过水工试验进行验证。

（3）精细化地表产汇流和地上地下双层耦合计算研究。提出精细化的城市暴雨洪水计算方法，如提出基于不同覆盖类型栅格的地表产汇流、雨水篦子-雨水井相耦合的新型计算方法。

（4）基于无网格方法构建城市三维洪水演进模型。基于地表产汇流模型和一维地下管网汇流模型耦合计算的结果，采用 DualSPHysics 模型和倾斜模型，提出基于无网格的三维真实场景的城市洪水演进模拟方法。

1.3.2 创新点

本书着眼于 1D/3D 双层耦合的精细化城市暴雨洪水模型的构建，取得了如下两点创新。

（1）提出了基于多核模糊 C 均值的马尔科夫随机场影像聚类算法（MKFCM-MRF），该算法便于区分下垫面地物类型的相似光谱特征，在降低噪声的同时又能很好地保存边缘信息，可提高城市下垫面地物识别的精度。

（2）提出了以栅格为单元基于不同地物类型的地表产汇计算，以及采用雨水篦子-雨水井耦合的计算方式计算地表和管网间的入流量和溢流量，可为精细化城市暴雨洪水计算模型提供计算方法支撑。

（3）采用 DualSPHysics 模型和倾斜模型，提出了基于无网格的三维实景城市洪水演进模型，可为防洪决策者提供直观有效的展示。

1.3.3 技术路线

本书技术路线如图 1.2 所示。

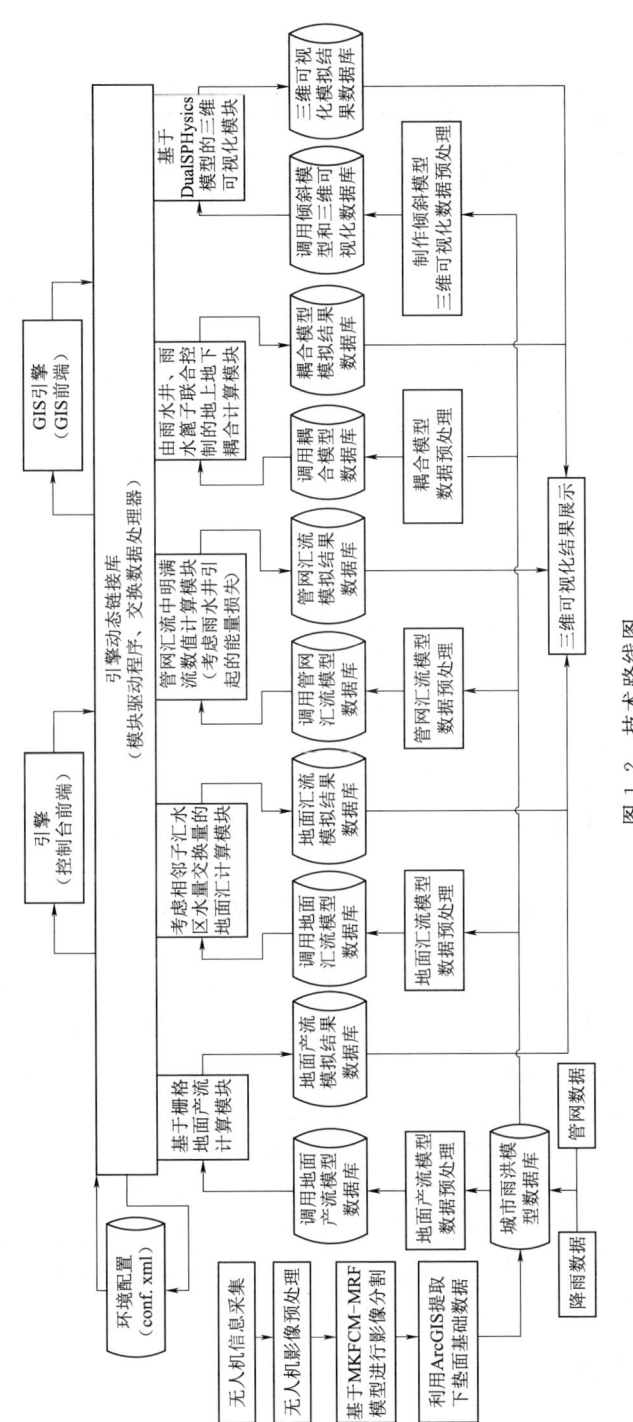

图1.2 技术路线图

第2章 基于 MKFCM-MRF 聚类算法的城市下垫面地物识别研究

构建精细化城市暴雨洪水模型的首要前提是保障基础数据具备高精度性。越来越多的研究认识到，在城市雨洪模型模拟过程中，城市的建筑物[116]、十字路口[117]、雨水篦子[118]均会不同程度地影响地表水流运动，地形数据的误差也会引起径流深度、水流速度、淹没范围的变化[119]，因此，获取高精度的城市下垫面土地覆盖类型和地形数据是城市暴雨洪水模型发展的必然趋势。本章将 GIS 技术、RS 技术及 UAV（Unmanned Aerial Vehicle）技术应用到城市下垫面基础数据采集的过程中。首先，采用无人机航测遥感系统采集研究区域的高分辨率影像数据，通过 Pix4Dmapper 软件进行预处理得到下垫面的数字高程模型（Digital Elevation Model，DEM）和数字正射影像图（Digital Orthophoto Map，DOM）；其次，构建 MKFCM-MRF 模型，并基于 FCM 和 MKFCM-MRF 模型对无人机影像的 DOM 数据分别进行聚类，对聚类结果进行适用性探讨和精度分析，得到高分辨率的城市下垫面地物类型；最后，借助 ArcGIS 平台为 SWMM 模型计算提供相关基础数据，采用 SWMM 模型对 FCM 和 MKFCM-MRF 聚类结果进行数值模拟，模拟结果表明 MKFCM-MRF 聚类算法的结果更符合实际情况。

2.1 无人机影像采集及预处理

遥感技术及遥感图像处理技术的发展，使得快速提取城市的下垫面信息成为可能，如 Quick-Bird、IKONOS、SPOT、WorldView2 等高分辨率影像。这些影像具有精细目标识别的优势，但是成像周期长且极易受到云雾的影响。近年来无人机低空影像采集技术已被广泛关注，无人机平台已经成为一种新的遥感工具，无人机与数码相机结合使用时，可以成为一个新的摄影测量平台，与传统的机载平台相比更加灵活，能在机载平台无法运行的情况下进行工作[120]；无人机摄影测量也是传统载人航空摄影测量的一种低成本替代方法[121]；无人机可云下飞行，具有非常高的影像分辨率和精度[122]。因此，无人机影像为构建高精度城市暴雨洪水模型开辟了一条新的道路。

2.1.1 UAV 影像采集

郑州市高新区郑州大学新校区校园的下垫面和雨水管网自成一个独立的雨

洪排水系统，类似于一个城市的缩影，因此，本次飞行试验区域选择郑州大学新校区校园，如图 2.1 所示。飞行采用固定翼电动测绘型无人机，其机长×翼展为 1.1m×2m，重量为 3.5kg，航程为 3km，飞行速度为 450km/h，可飞行 150min；配备地面遥控系统，且无人机上搭载的是 SONY ILCE－5100，相机焦距长 16mm，CMOS 为 23.5mm×15.6mm。由于郑州大学新校区校园占地面积约 2.12km^2，南北长约 2078m，东西宽约 1052m，本次飞行设计 9 条航线，每条航线长约 2567m，航向重叠度达 70%，旁向重叠度达 50%。飞行时间为 2017 年 7 月 17 日正午时分，天气很好，设置飞行高度为 306m，地面采样距离是 0.05m。

图 2.1　无人机飞行区域示意图

无人机飞行操作流程主要包含以下几个方面。

（1）规划航线。使用谷歌地图确定范围，生成航线，调整航线及高度显示，设立起飞点、应急点、缓冲点（阶梯式降低），相机相关设置（型号/分辨率/航线重叠度），检查关键点，离线高程预览。

（2）装备和飞机的组装。组装弹射架、摆放支架、弹射器，组装天线，连接电脑；组装尾翼、机翼、降落伞，检查电源电压，调整遥控器后装电池。

（3）飞前检查。对相机进行调整，如模式、ISO 参数调整，对焦、亮度调整、安装相机、测试拍照；对遥控器和降落伞等进行手动检查，如遥控器切换为手动（左高右低），左滚/中立/右滚，推杆/中立/拉杆，遥控器切换为全自动并在电脑端操作，姿态检查（左偏/右偏/抬头/低头），磁罗盘检查，空速清零，发送飞行计划并检查。

（4）起飞。拉皮筋，遥控器切换为全自动，报电压、目标点、目标高度、pDOP、卫星数。

（5）返航。在指定点降至指定高度后决定降落，或跟踪至目标点自动降落，收回飞机，拆下 POS，拷贝数据。

2.1.2　UAV 影像预处理

目前，无人机数据处理软件很多，如 PixelGrid、DPGird、DPMatrix、PhotoMOD、GodWork、Cloud－AT、MAP－AT、Socetset ERDAS/LPS 及 Pix4Dmapper 等[123]。对比上述软件可知，Pix4Dmapper 采用一键式处理方式，其将空三计算、平差计算、正射校正和镶嵌等算法进行封装，提供统一的数据输入接口，后台计算后将结果输出，且其自动化程度以及计算精度都较高[124]。

因此，本书选用Pix4Dmapper全自动快速无人机数据处理软件，其影像处理流程如图2.2所示。

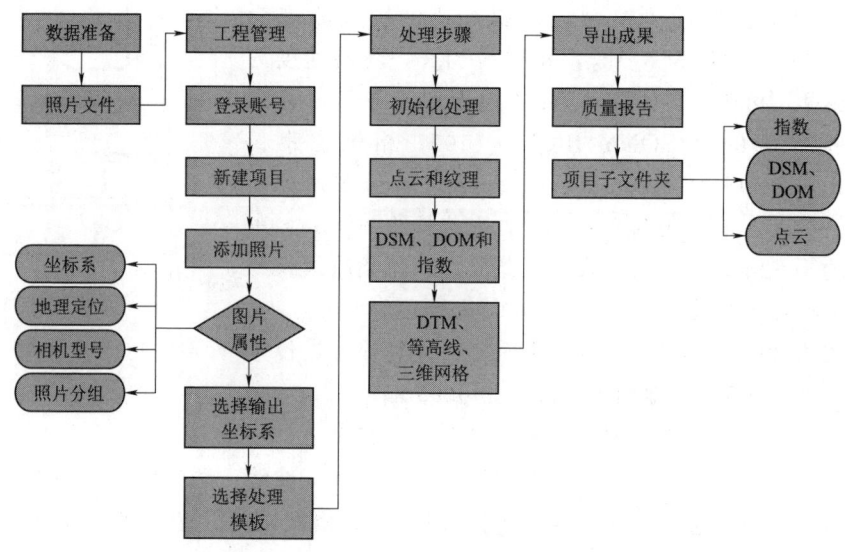

图2.2　Pix4Dmapper影像处理流程图

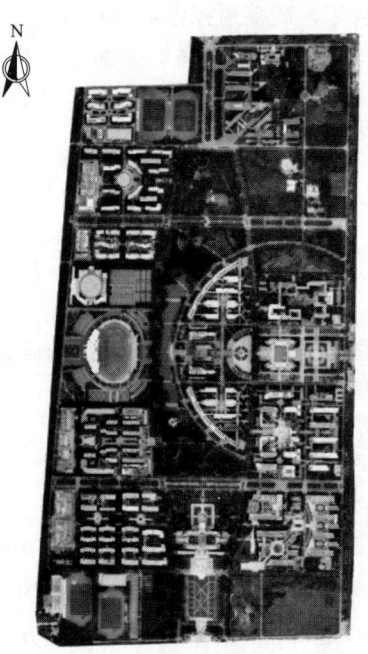

图2.3　研究区域无人机影像DOM图

首先，输入影像数据、POS数据以及控制点数据，整理属性中含有GPS坐标的航拍影像，同时查看POS数据文件，以确保影像数据相片号与POS数据中的相片号相对应；其次，新建项目添加照片，软件读取照片的属性信息，如图像坐标系、地理定位和方向、相机型号、照片分组等参数；其次，选择输出坐标系和处理模板后，照片开始被处理，在图像处理过程包括初始化处理、点云和纹理、数字表面模型（Digital Surface Model，DSM）、DOM和指数等重要的处理步骤，并且在前面处理的基础之上可生成数字地形模型（Digital Terrain Model，DTM）、等高线和三维网格；最后，输出结果，即图片处理后可导出质量报告和项目子文件夹（项目子文件夹包括指数、DSM和DOM，以及点云等文件的输出结果）[125]。研究区域无人机影像的DOM如图2.3所示。

2.2 构建基于多核模糊C均值的马尔科夫随机场模型

无人机影像采集的是下垫面各类地物电磁波信息，依据不同地物之间电磁波特性和光谱特征的差异，使无人机影像信息提取成为可能。但是，由于地物电磁波特性和光谱特征的复杂性，影像信息提取过程中不同地物类别具有归属的不确定性。通常遥感影像信息提取方法是人工目视解译和计算机自动解译，常见的计算自动解译方法是基于像元统计特征的信息提取方法。在提取过程中，为提高聚类精度选择合适的聚类算法则显得非常关键，模糊聚类算法是聚类分析研究中最直接有效的一种算法，其中模糊C均值（Fuzzy C Means，FCM）聚类算法应用最为广泛，但是传统的FCM算法存在一些不足之处。本书在FCM的基础上构建了多核模糊C均值（Multiple Kernel Fuzzy C Mean，MKFCM）算法。由于模糊理论没有考虑图像邻域的相关性，而马尔科夫随机场（Markov Random Fields，MRF）理论指出在任意像元状态已知的条件下，随机场在该像元处状态取值的概率与其邻域的状态有关，即可有效地对影像的纹理和边缘进行划分。本书把MKFCM算法的聚类结果引入到马尔科夫随机场（MRF）模型，构建基于多核模糊C均值的马尔科夫随机场模型（MKFCM－MRF），利用核函数将原始特征向量映射到高维特征空间，并根据特征向量在空间中的分布特征自动优化核函数，提高线性可分离性，在降低噪声的同时，很好地保存边缘信息，在过度平滑和空间正则化之间提供良好的权衡。

2.2.1 多核模糊C均值（MKFCM）算法

FCM算法是把n个样本数据$x_i(i=1,2,3,\cdots,n)$分为c个模糊组，分别计算出每组的聚类中心，然后利用迭代法使得非相似性指标的价值函数达到最小[67]。FCM采用模糊划分，以每个样本数据点用值在[0,1]区间的隶属度来分配给各个组。隶属度以矩阵u进行表示，通过归一化使得一个数据集隶属度总和为1：

$$\sum_{j=1}^{c} u_{ij} = 1, \ \forall i = 1,2,3,\cdots,n \tag{2.1}$$

记v_j为每个类的中心，$j=1,2,\cdots,n$，则FCM算法的目标函数表达式为：

$$J = \sum_{j=1}^{c} \sum_{i=1}^{n} u_{ij}^{b} d_{ij}^{2} \tag{2.2}$$

式中：b 为平滑因子，取值范围为 $1 \sim +\infty$；u_{ij} 为第 i 个数据点在第 j 个簇中隶属度；$d^{2}(x_i, v_j) = \|x_i - v_j\|^{2}$，其中，$x$ 为数据，v 为簇心的向量矩阵集。

通常采用拉格朗日多项式方法构造新的目标函数，通过最小化目标函数来求簇心和隶属度的迭代式：

$$c_j = \sum_{i=1}^{n} (u_{ij})^b x_i \Big/ \sum_{i=1}^{n} (u_{ij})^b \tag{2.3}$$

$$u_{ij} = \|x_i - c_j\|^{-2/(b-1)} \Big/ \sum_{k=1}^{c} \|x_i - c_k\|^{-2/(b-1)} \tag{2.4}$$

目前，对于 FCM 算法通常是在影像进行分类的阶段改进，没有考虑到异物相邻像元之间具有特殊的空间相关性。本书在 FCM 算法基础上引入多个核函数建立 MKFCM 算法，则 MKFCM 算法的目标函数为：

$$J(\omega, u, v) = \sum_{i=1}^{n} \sum_{j=1}^{c} u_{ij}^{m} [\varphi(x_i) - v_j]^{T} [\varphi(x_i) - v_j] \tag{2.5}$$

$$\varphi(x) = \omega_1 \varphi_1(x) + \omega_2 \varphi_2(x) + \cdots + \omega_m \varphi_m(x) \tag{2.6}$$

式中：φ_m 为第 m 个特征映射；m 为特征映射的个数及核函数的个数；ω_m 为第 m 个核函数的权重值。

使用拉格朗日乘子法对方程进行求解，得到更新公式为：

$$u_{ij} = 1 \Big/ \sum_{j'=1}^{c} (d_{ij}^{2} / d_{ij'}^{2})^{\frac{1}{m-1}} \tag{2.7}$$

$$\omega_k = \frac{1}{\beta_k} \Big/ \frac{1}{\beta_1} + \frac{1}{\beta_2} + \cdots + \frac{1}{\beta_k} \tag{2.8}$$

其中，$\beta_k = \sum_{i=1}^{n} \sum_{j=1}^{c} U_{ic}^{b} \alpha_{jk}$，

$$d_{ij}^{2} = \|\psi(x_i) - \psi(m_j)\|^{2} = \sum_{k=1}^{f} \omega_k^{2} k_k(x_i, x_i) - 2 \sum_{c=1}^{n} \sum_{k=1}^{f} U' \omega_k^{2} k_k(x_i, x_c)$$
$$+ \sum_{c=1}^{n} \sum_{j=1}^{n} \sum_{k=1}^{f} U'_{cj} U'_{cj} \omega_k^{2} k_k(x_c, x_c)$$

式中：f 为核函数个数；k 为核函数。

在核函数的选择方面，本书使用高斯函数进行试验，该函数属于鲁棒径向基核。该径向基核对数据有很好的抗噪作用，并且高斯核函数的取值范围是0～1之间，有效地简化了计算过程[16]。

2.2.2 马尔科夫随机场（MRF）模型

MRF是一种基于条件概率理论描述空间序列相关性的建模方法。在MRF中，将无人机影像像元灰度阵列作为观测序列，将每个像元的分类信息称作为标记序列，且标记序列的每一个成分相互独立。即针对无人机影像中的每一个像元点，如果第i个像元点属于第k类地物的概率函数表示为$P(y_i^k|X_i=k)$，简写成$P(y_i|x_i)$；第i个像元点位置领域系统中的先验概率表示为$P(X_i=k|X_{Ni})$，简写成$P(x_i|x_{Ni})$；后验概率用表示$P(X_i=k|y_i^k)$，简写成$P(x_i|y_i)$，那么影像聚类问题可近似表示为：

$$P(x_i|y_i) \propto \text{argmax}\{P(y_i|x_i) \cdot P(x_i|x_{Ni})\} \tag{2.9}$$

由Hammersley-Clifford定理可知，MRF随机场与Gibbs随机场等价，则MRF邻域系统中的先验概率和后验概率分布服从Gibbs分布，即：

$$\begin{cases} P(x_i|x_{Ni}) = \dfrac{1}{Z}\exp\left[-\dfrac{U(x_i|x_{Ni})}{T}\right] \\ P(x_i|y_i) = \dfrac{1}{Z}\exp\left[-\dfrac{U(x_i|y_i)}{T}\right] \end{cases} \tag{2.10}$$

式中：Z为归一化函数；$U(x_i|x_{Ni})$为影像聚类标记问题的先验能量函数；$U(x_i|y_i)$为后验能量函数；T为温度常量。

式（2.10）可进一步简化：

$$\begin{cases} P(x_i|x_{Ni}) \propto e^{-U(x_i|x_{Ni})} \\ P(x_i|y_i) \propto e^{-U(x_i|y_i)} \end{cases} \tag{2.11}$$

将式（2.11）代入式（2.9），两边取对数得：

$$\ln[e^{-U(x_i|y_i)}] \propto \text{argmax}\{\ln[e^{-U(y_i|x_i)}] \cdot \ln[e^{-U(x_i|x_{Ni})}]\} \tag{2.12}$$

并用最小后验能量函数$U(x_i|y_i)$来等价最大后验概率$P(x_i|y_i)$，得：

$$U(x_i|y_i) \propto \text{argmax}\{U(y_i|x_i) \cdot U(x_i|x_{Ni})\} \tag{2.13}$$

式（2.13）可简写为：

$$U(x_{Fi}|y_i) = U(y_i|x_i) \cdot U(x_i|x_{Ni}) \tag{2.14}$$

本书使用迭代条件模式（Iterated Conditional Modes，ICM）算法对 MRF 进行推测。其假设影像的标记场为 I，除第 i 个像元外标记场记为 $x_{I-i}^{\{k\}}$，k 为迭代次数。ICM 算法通过连续更新每个像元标签 $x_i^{\{k\}}$ 为 $x_i^{\{k+1\}}$，使得后验能量函数 $U(y_{Fi}|x_i)$ 取得最小值时，便得到最终的聚类结果。ICM 算法流程如图 2.4 所示。

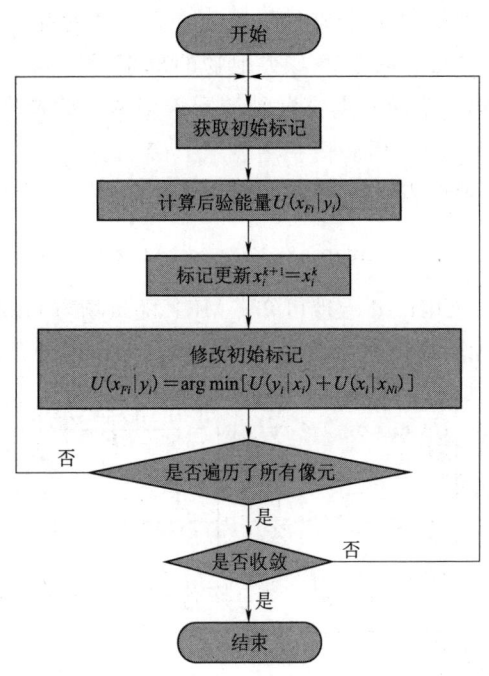

图 2.4　ICM 算法流程图

2.2.3　构建基于多核模糊 C 均值的马尔科夫随机场模型

MKFCM 将多核函数通过非线性映射关系将原始数据通过核函数映射到新的特征空间中，不仅增加数据的线性可分性，而且也将数据的多种特征用不同的核函数进行描述，并根据数据的分布特点，自动选取最佳权重进行核函数间的组合；MRF 能有效地对影像的纹理和边缘进行划分，且空间约束性强、模型参数少。本书提出把 MKFCM 算法聚类结果引入到 MRF 模型，构建基于多核模糊 C 均值的马尔科夫随机场（MKFCM – MRF）模型。其构建方法如下：

首先，基于 MKFCM 聚类得到各像元的先验概率构造观测场中地物类别中

第 i 个像元的似然函数能量：

$$U(y_i|x_i) = -\ln(\sum_{j=1}^{c}\mu_{ij}) \qquad (2.15)$$

式中：c 为地物类别个数。

其次，通过邻域像元的先验聚类信息对中心像元的聚类进行约束，从而将局部空间相关信息融入聚类中，即得到标记场中第 i 个像元对应的先验概率能量：

$$U(x_i|x_{Ni}) = -\ln\left[\sum_{j\in Ni}\exp\left(-\frac{\|x_i-x_j\|^2}{2\sigma^2}\right)\right] \qquad (2.16)$$

式中：σ^2 为归一化项，将 $U(x_i|x_{Ni})$ 范围限制在 0~1 之间。

2.3 基于 MKFCM-MRF 聚类算法的无人机影像聚类结果

2.3.1 实验结果

为提高城市暴雨洪水模型模拟的计算精度，需准确辨别下垫面的地物类型及其分布。本次实验采用本章 2.1 小节预处理的校园下垫面无人机影像数据，通过 Matlab 对 FCM 与 MKFCM 模型进行建模，步骤如下：①提取无人机影像的像元特征值，构建特征值矩阵；②根据实际地物分布状况确定聚类类别，本书将校园下垫面地物分为五类，分别是草地、林地、建筑物、道路、水体等；③进行模型参数最优化选取，采用梯度下降法筛选 FCM 与 MKFCM 模型中的相关参数，得到最优化参数集合；④对于 MKFCM 模型，选取核函数及其参数，通过像元特征值的分布特征自动选取核函数间的最优参数组合；⑤对于 MKFCM-MRF 模型，把 MKFCM 结果引入到 MRF，采用 ICM 算法对 MRF 进行计算。最终得到的聚类结果如图 2.5 所示。

城市暴雨洪水模型在构建下地表产汇流模型时，通常把下垫面分为透水区（如草地、林地等）、不透水区（如建筑物、道路等）和水体（如明渠、蓄水池等）。其中，透水区中不同的土地类型下渗量不同，对城市雨洪地表产流量影响较大；不透水区不仅对城市暴雨径流模型提供重要的参数，而且还影响城市的温度、蒸散发和土壤的含水量[126]；水体是有滞蓄库容的不透水区，通常不发生径流。因此，需要把图 2.5 中 FCM 模型和 MKFCM-MRF 模型聚类的不同类型地物结果重新进行整合，得到构建城市暴雨洪水模型所需的下垫面地物类型，如图 2.6 所示。

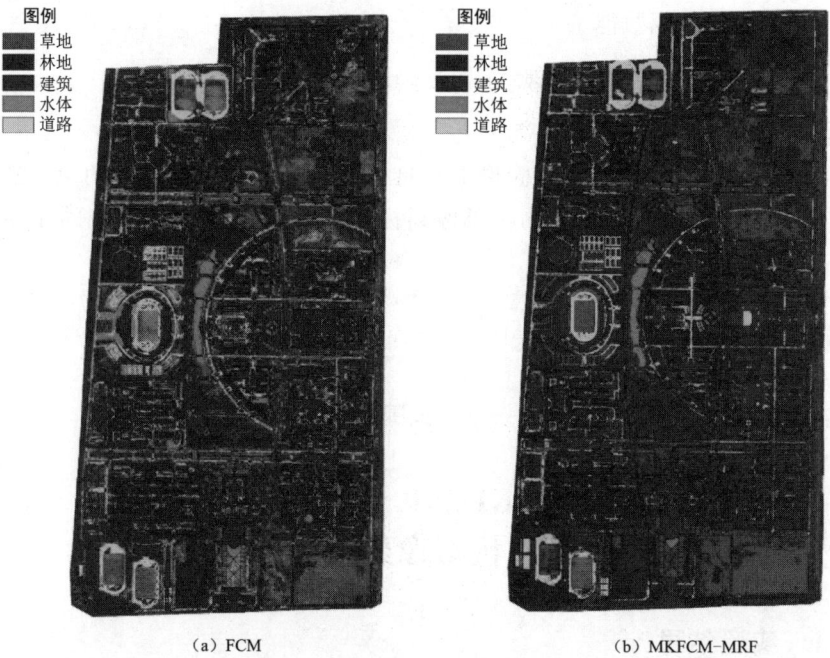

(a) FCM　　　　　　　　　　　　(b) MKFCM-MRF

图 2.5　模型聚类结果

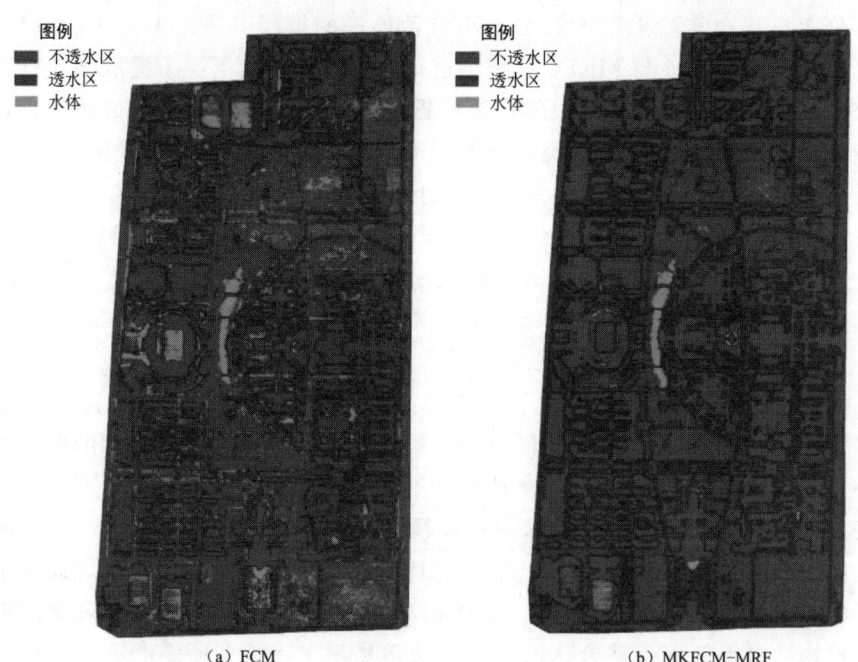

(a) FCM　　　　　　　　　　　　(b) MKFCM-MRF

图 2.6　模型聚类结果

2.3.2 精度分析

在遥感影像上水体与建筑物阴影、植被阴影有着相似的光谱特征,道路与建筑物有着相似的光谱特征,相互之间错分的可能性比较高。由于道路与建筑物都归属为不透水区,则道路与建筑物错分不影响影像聚类的精度评价,本书着重关注的是水体与建筑物阴影、植被阴影三者之间的聚类结果,即水体与不透水区、透水区三者之间的聚类结果。

由于研究区域无人机影像的地面分辨率为0.05m,像元个数达22355×42098,数据量过大,本小节仅对研究区域内的部分范围进行精度分析,所选范围如图2.7所示。所选研究区域共有1506077个验证像元,其中,水体像元509559个,不透水区像元285656个,透水区像元710862个。

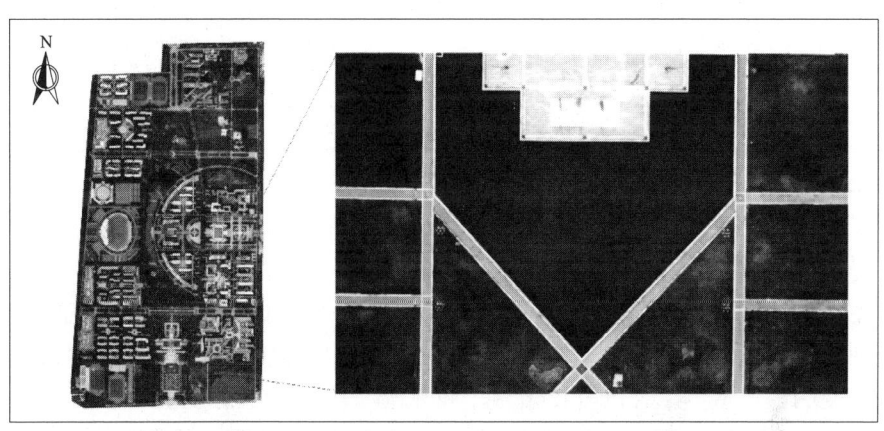

图2.7 精度分析所选范围图

混淆矩阵是表示精度评价的一种标准格式,能够直观地展示出不同聚类类别的正确率以及错误聚为其他类别的情况。其具体的评价指标有用户精度、生产者精度、总体精度和Kappa系数等,这些精度指标可从不同的侧面反映影像聚类的精度。本书在对FCM和MKFCM-MRF模型聚类结果进行精度评价时,将所选范围的目视解译图像作为下垫面地物信息的理论真值图像,以此来建立混淆矩阵,见表2.1和表2.2。

表2.1 FCM聚类结果混淆矩阵

像元数		实际类别			总和	用户精度/%
		水体	不透水区	透水区		
聚类类别	水体	485128	19	243691	728838	66.56
	不透水区	6035	285637	90308	381980	74.78
	透水区	18396	0	376863	395259	95.35

续表

像 元 数	实际类别			总和	用户精度/%
	水体	不透水区	透水区		
总和	509559	285656	710862	1506077	
生产者精度/%	95.21	99.99	53.01		

总体精度＝0.76；Kappa系数＝0.64

表 2.2　　　　　　　　MKFCM-MRF聚类结果混淆矩阵

像 元 数		实际类别			总和	用户精度/%
		水体	不透水区	透水区		
聚类类别	水体	356184	0	3813	359997	98.94
	不透水区	149973	285297	39132	474402	60.13
	透水区	3402	359	667917	671678	99.44
总和		509559	285656	710862	1506077	
生产者精度/%		69.9	99.87	93.95		

总体精度＝0.87；Kappa系数＝0.80

由表2.1和表2.2可知，FCM模型对不透水区聚类较好，透水区被严重错分为水体，小部分水体又被错分为透水区；而MKFCM-MRF模型对不透水区聚类较好，水体被严重错分为不透水区，小部分透水区又被错分为不透水区；对比两者的用户精度和生产者精度可知，MKFCM-MRF模型除了不透水区的用户精度比FCM模型低14.65%，和水体的生产者精度比FCM模型低25.31%，其余聚类的精度评价指标均大于等于FCM模型，其中透水区的生产者精度提高了40.94%、水体的用户精度提高了32.38%；对比两者总体精度和Kapaa系数的结果可知，MKFCM-MRF模型大大高于FCM模型，其中总体精度提高了0.11，Kappa系数提高了0.16。以上这些对比结果皆是因为FCM算法进行聚类时仅考虑了像元的特征向量，忽略了相邻像元间具有空间关系的特性；MKFCM-MRF模型中的MKFCM算法则能通过核函数将原始特征向量映射到高维特征空间中，并根据特征向量在空间中的分布特点自动对核函数进行最优化组合，提高不同类型数据间的线性可分性，从而能区分相似光谱特征的异类地物。FCM聚类结果中存在离散空洞和杂乱点；而MKFCM-MRF聚类结果显示噪声大量减少、边界更加平滑，这是由于基于模糊理论的马尔科夫随机场模型既能处理影像聚类过程中的随机性，又能处理其模糊性，同时又没有丢失影像的空间信息。

综上所述，通过对FCM和MRF-MKFCM模型的无人机影像聚类结果进行精度分析可知，基于MRF-MKFCM模型的无人机影像聚类精度更好，提高了土地覆盖信息提取的准确度；又在降噪的同时，较好地保留了边缘信息，能够精确地获取城市下垫面透水区、不透水区、水体的基础数据。

2.4 SWMM 模型验证

20世纪60年代以来，城市暴雨洪水的水文模型和水动力模型层出不穷。美国、英国、丹麦、澳大利亚和中国的许多科研机构和学者[127-130]从简单概念到复杂流体动力学，或从统计学到确定性等出发，开发了多种城市暴雨洪水模型，如TRRL洪水模型、ILLUDAS、SWMM、UCURM、STORM、Wallingford、XP-SWMM、MIKE FLOOD、IFMS等，其中SWMM是一个广泛应用于城市暴雨洪水模拟的模型。因此，选择SWMM城市暴雨洪水模型验证MRF-MKF-CM模型对无人机影像土地覆盖类型聚类结果。

SWMM模型计算所需的基础数据主要是地物类型和地形数据，以2.1节无人机飞行区为研究对象，地物类型在2.3节已经获得，地形数据主要是数字高程模型（Digital Elevation Model，DEM），DEM作为主要的基础数据，高分辨率的DEM可用于坡度和坡向的提取。首先采用无人机影像处理软件Pix4Dmapper获取研究区域下垫面的DEM，然后以DEM数据为基础，借助于ArcGIS提取研究区域下垫面的坡度、坡向，如图2.8所示。

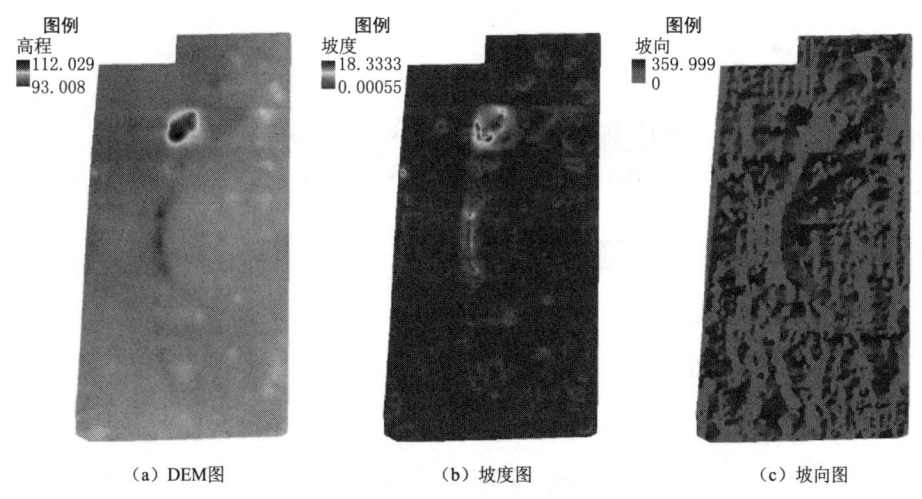

(a) DEM图　　　　　(b) 坡度图　　　　　(c) 坡向图

图2.8　研究区域的DEM图、坡度图、坡向图

为了研究FCM和MKFCM-MRF聚类算法获取的土地覆盖类型对城市雨洪模型模拟的影响，应尽量减少不必要物理参数的影响，因此，在SWMM模型构建中选择相同的模型参数，不透水区曼宁系数设置为0.015，透水区曼宁系数

设置为 0.24，最大入渗速率设置为 75.25mm/h，最小入渗速率设置为 3.5mm/h，下渗衰减系数设置为 3；子汇水区的不透水率是依据其范围内覆盖的地物进行计算，由于不同地物类型的不透水率不同，则需规定下垫面各地物的不透水率，如建筑和道路的不透率分别为 100% 和 90%，草地和树木的不透水率分别为 20% 和 40%，水的不透水率为 0；雨水管网的曼宁系数设置为 0.013，并将终点埋深作为管道的最大深度；雨水管网数据采用真实的设计数据，排水口位于西北角主干管的末端。本书选用两场不同强度和不同历时的降雨事件作为实验区的边界条件，使用 SWMM 模型研究不同聚类算法对城市雨洪模型的影响，其模拟的排水口的流量过程线如图 2.9 所示，模拟结果见表 2.3。

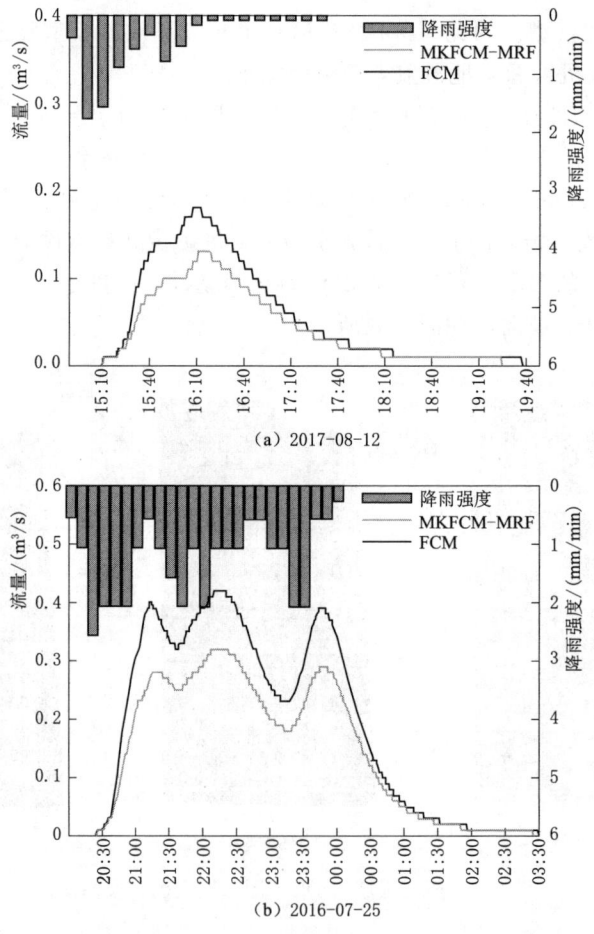

图 2.9 不同降雨条件下 MKFCM-MRF 和 FCM 聚类结果的排水口流量过程线对比图

表 2.3　　不同降雨条件下 MKFCM-MRF 和 FCM 聚类结果的 SWMM 模拟结果对比图

降雨日期	聚类算法	产流时间	峰现时间	峰值流量/(m³/s)	径流总量/m³
2017-08-12	FCM	15：12	16：12	0.18	978.946
	MKFCM-MRF	15：13	16：13	0.13	734.464
2016-07-25	FCM	20：21	22：15	0.42	4703.723
	MKFCM-MRF	20：22	22：16	0.32	3591.477

采用 FCM 和 MKFCM-MRF 聚类算法的 SWMM 计算结果表明，排水口的流量过程线的变化趋势是一致的，且随降雨强度的变化而变化。这是由于雨水管网分布和雨水箅子数目相同、SWMM 模型中参数设置亦相同。虽然不同聚类算法把提取的不同地物类型的地面作为研究区模型的基础数据，但它们并不影响出口流量历时曲线的趋势。比较 MKFCM-MRF 和 FCM 聚类算法下的 SWMM 仿真结果，可以看出 MKFCM-MRF 算法的产流时间和峰现时间稍有延迟，峰值流量和总径流量也较小。这是因为在降雨、子汇水区离散和径流路径均相同的情况下，FCM 聚类算法下的不透水区域（道路）被错误地划分为透水区域，从而增加了地表径流的面积。而 MKFCM-MRF 聚类中的水体被错误地归类为不透水区域，但由于整个研究区域的水体面积很小，总体影响不大。

2.5　本　章　小　结

本章采用无人机航测遥感系统采集研究区域的高分辨率影像，通过 Pix4Dmapper 全自动快速无人机数据处理软件对影像进行预处理，得到 DOM 图；提出了一种基于多核模糊 C 均值的马尔科夫随机场模型（MKFCM-MRF），该算法集成了 MKFCM 算法和 MRF 算法两者的优点，通过对基于 FCM 和 MKFCM-MRF 算法的无人机影像聚类结果的精度分析，得出 MKFCM-MRF 模型具有较好的影像聚类精度；通过城市暴雨洪水模型 SWMM 对 FCM 和 MKFCM-MRF 聚类结果进行验证，结果表明排水口的流量过程线的变化趋势一致，并随降雨强度的变化而变化，但由于在 FCM 聚类结果中将不透水区误分为透水区，导致 FCM 聚类结果产流时间和峰现时间提前，洪峰流量偏大，总径流量偏大，由于整个研究区域水体面积很小，总体影响有限。因此，MKFCM-MRF聚类算法是一种有效的无人机影像聚类优化方法，不仅为构建精细化城市暴雨洪水模型提供可靠的数据基础，也为城市管理和应急决策提供可靠有效的信息支撑。

第 3 章 雨水管网复杂流态数值计算研究

城市暴雨洪水模型的地下雨水管网水流流态极其复杂,如自由表面流与有压流共存、急流与缓流共存,并且存在各种水工建筑物,给数值计算带来了困难。本章针对地下雨水管网水流流态问题从两方面进行研究:一是对Priessmann四点隐式差分格式结构本身及其应用到急流、跨临界流的是否适定性问题进行深入的研究;二是对未满管流状态下,雨水管网过水断面突变引起的水流流态变化及能量损失进行研究。

3.1 雨水管网明满流数值模型研究

雨水管网是城市暴雨洪水模型重要的组成部分。雨水管网的水流流态极为复杂,可能是未满管流,也可能是满管流,也可能是未满管流与满管流共存或交替出现混合流等情况,因此,雨水管网混合流动数值模拟的最大难点在于如何处理混合界面的生成和运动。

3.1.1 明满流数值模型控制方程

当管网处于未满管流时,其管内水流处于无压状态,则与河网一样属于明渠。由于明渠过水断面上的水力要素(如流量、流速、水位和水深等)随时间不断发生变化,属于明渠非恒定流,则雨水管网未满流的数值模拟可采用明渠非恒定流模型,得到以水位 Z 和流量 Q 为变量的明渠非恒定流连续性方程和动量方程,也称为圣维南方程组:

$$\begin{cases} \dfrac{\partial Z}{\partial t}+\dfrac{1}{B}\dfrac{\partial Q}{\partial x}=0 \\ \dfrac{\partial Q}{\partial t}+\dfrac{\partial}{\partial x}\left(\dfrac{Q^2}{A}\right)+gA\dfrac{\partial Z}{\partial x}+gAS_f=0 \end{cases} \quad (3.1)$$

式中:Z 为水位,m;A 为流通面积,m^2,通常是水位 Z 的函数;Q 为流量,m^3/s;x 为空间距离,m;g 为重力加速度,m/s^2;S_f 为坡度,无量纲。

管网满管流时,其水流的运动要素(如流速、压强等)随时间变化,属于有压管流,其数值模拟可采用有压非恒定流模型,得到以水头 H 和流量 Q 为变量的满管流连续性方程和运动方程为：

$$\begin{cases} \dfrac{\partial H}{\partial t} + \dfrac{c^2}{gA}\dfrac{\partial Q}{\partial x} = 0 \\ \dfrac{\partial Q}{\partial t} + \dfrac{\partial}{\partial x}\left(\dfrac{Q^2}{A}\right) + gA\dfrac{\partial H}{\partial x} + gAS_f = 0 \end{cases} \tag{3.2}$$

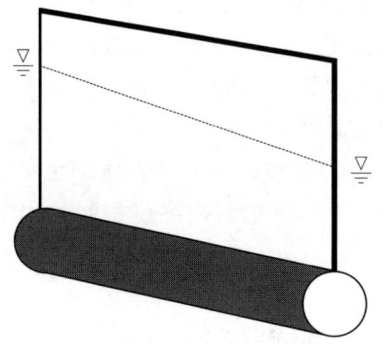

图 3.1 Preissmann 窄缝示意图

管网未满管流和满管流控制方程组表达式的形式非常相似，当管网中的水流处于未满管流与满管流共存或交替出现等流态时，则引入了 Priessmann 窄缝[131] 的概念，在管道顶部假设有无限向上延伸的窄槽，如图 3.1 所示。

对于满管流，封闭管道内压力波传播速度通常受到管壁弹性的影响，则其压力波波速 c 为：

$$c = \sqrt{\dfrac{\dfrac{K}{\rho}}{1 + \dfrac{K}{E}\dfrac{D}{\delta}}} \tag{3.3}$$

式中：δ 为管壁厚度，m；D 为管道直径，m；E 为管材的弹性模量，Pa；K 为流体的体积模量，Pa。

引入窄缝后，满管流可转化为未满管流，因此，可采用圣维南方程组，即将满管流中的压力波波速等价于浅水方程中的重力波波速 c'，且窄缝中的压力水头等价未满管流中的水位。而其重力波波速为：

$$c' = \sqrt{g\dfrac{\partial I_1}{\partial A}} \tag{3.4}$$

式中：I_1 为静水压力；A 为过水面积。

以矩形管道为例，过水断面示意图如图 3.2 所示。计算未满管流和满管流流态下的压力和重力波波速。

1. 未满管流

管道内产生的静水压力为：

$$I_1 = \int_0^{h(x,t)} (h - \eta) B(x, \eta) \mathrm{d}\eta \tag{3.5}$$

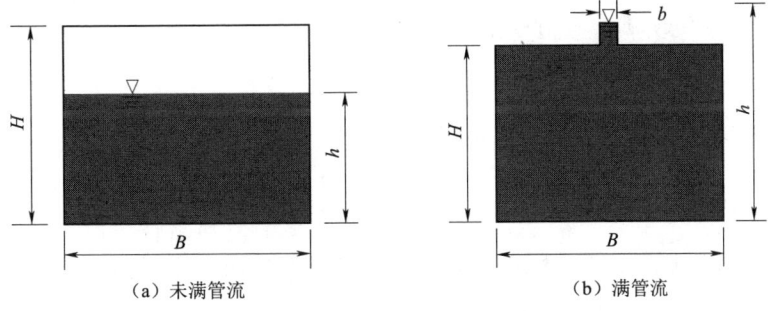

(a) 未满管流 (b) 满管流

图 3.2 矩形管道过水断面示意图

由于 $B=\dfrac{\partial A(x,\eta)}{\partial \eta}$，$h=\dfrac{A}{B}$，式中 A 为过水面积，则压力为：

$$I_1=\frac{A^2}{2B} \tag{3.6}$$

则管道重力波波速为：

$$c'=\sqrt{g\frac{\partial I_1}{\partial A}}=\sqrt{g\frac{A}{B}} \tag{3.7}$$

2. 满流状态

由管道宽度变化而引起压力变化为：

$$I_1=\int_0^{h(x,t)}(h-\eta)\frac{\partial B(x,\eta)}{\partial x}\mathrm{d}\eta \tag{3.8}$$

由于 $h=H+\dfrac{A-BH}{b}$，式中 A 为过水断面的面积，则式（3.8）整理得：

$$I_1=BH\left(\frac{A-BH}{b}+\frac{H}{2}\right)+\frac{(A-BH)^2}{2b} \tag{3.9}$$

则管道重力波波速为：

$$c'=\sqrt{g\frac{\partial I_1}{\partial A}}=\sqrt{g\frac{A}{b}} \tag{3.10}$$

由于 $c'=c$。则代入式（3.7）和式（3.10）可得到：

$$\frac{1}{B}=\frac{c^2}{gA} \tag{3.11}$$

$$\frac{1}{b}=\frac{c^2}{gA} \tag{3.12}$$

即将明渠有压非恒定流控制方程与有压非恒定流控制方程完美地统一为城市雨洪排水系统明满流数值模型控制方程组：

$$\begin{cases} \dfrac{\partial h}{\partial t}+\dfrac{1}{B}\dfrac{\partial Q}{\partial x}=0 \\ \dfrac{\partial Q}{\partial t}+\dfrac{\partial}{\partial x}\left(\dfrac{Q^2}{A}\right)+gA\dfrac{\partial h}{\partial x}+gAS_f=0 \end{cases} \quad (3.13)$$

式中：h 和 B 对于河网和未满管流而言相当于水位和过水断面宽度，对于满管流则相当于压力水头和窄缝的宽度。

假设窄缝宽度为 0.00462m，以圆形管道为例，计算未满管流与满管流状态下无量纲水深与过水面积的关系，如图 3.3 所示。

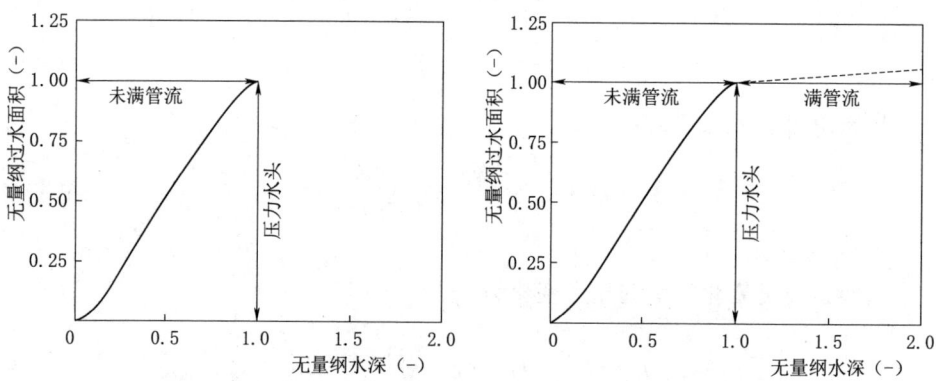

图 3.3 窄缝引入前后无量纲水深/过水面积关系对照图

由图 3.3 可知，引入窄缝在水量上并没有带来多大的误差，所以无论是矩形管道还是圆形管道，未满管流、满管流及两种流态同时并存或交替出现的水流均可采用明满流控制方程。

在式（3.12）中，$S_f=\dfrac{n^2|Q|Q}{A^2 R^{4/3}}$，其中 n 为曼宁系数，R 为水力半径。由于谢才式 $K=AC\sqrt{R}$ 和曼宁公式 $C=\dfrac{R^{\frac{1}{6}}}{n}$，可得 $K=\dfrac{1}{n}AR^{\frac{2}{3}}$。把 $K=\dfrac{1}{n}AR^{\frac{2}{3}}$ 代入式（3.13），可得到化简后的城市地下雨水管网排水系统明满流控制方程组：

$$\begin{cases} \dfrac{\partial h}{\partial t}+\dfrac{1}{B}\dfrac{\partial Q}{\partial x}=0 \\ \dfrac{\partial Q}{\partial t}+\dfrac{\partial}{\partial x}\left(\dfrac{Q|Q|}{A}\right)+gA\dfrac{\partial h}{\partial x}+gA\dfrac{Q|Q|}{K^2}=0 \end{cases} \quad (3.14)$$

式中：连续性方程反映城市地下雨水管网排水系统中的水量平衡，其中，$\dfrac{\partial h}{\partial t}$ 为蓄量水位的变化率；$\dfrac{1}{B}\dfrac{\partial Q}{\partial x}$ 为沿程流量的变化率。在运动方程中，$\dfrac{\partial Q}{\partial t}$ 为某固定点的局部加速项；$\dfrac{\partial}{\partial x}\left(\dfrac{Q|Q|}{A}\right)$ 为由于流速分布不均匀引起的对流加速项；$gA\dfrac{\partial h}{\partial x}$ 为代表水深影响的压力项；$gA\dfrac{Q|Q|}{K^2}$ 为水流内部及边界产生的摩阻损失项。

3.1.2 明满流数值模型控制方程离散格式适用性研究

由于该明满流数值模型控制方程属于双曲线型偏微分方程组，基于现有的数学理论无法得到精确的解析解，通常采用特征线法、有限差分法、有限元法、有限体积法等数值方法进行求解，其中有限差分法是较为有效的数值解法，且应用较为广泛。根据时间项的离散方法，有限差分法分为显式差分和隐式差分两类。显式差分格式有蛙跳格式和逆风格式等，其格式易于理解，但是其有条件不稳定性，在明渠非恒定流和有压管道非恒定流上的应用较少；隐式差分格式有 Abbott 六点隐式格式和 Priessmann 四点隐式格式[132] 等，其格式可以采用较大的时间步长，提高计算效率，而且稳定性好、收敛速度快。尤其是 Priessmann 四点隐式格式，其能够适应非均匀的空间步长，且在边界条件的设置和处理较为简单。因此，本书采用 Priessmann 四点隐式差分格式对明满流数值模型控制方程组进行离散求解。

3.1.2.1 离散格式——Priessmann 格式

Priessmann 四点隐式差分格式的结构示意图如图 3.4 所示。

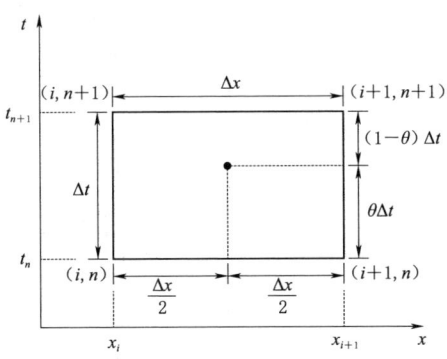

图 3.4 Priessmann 四点隐式差分格式结构示意图

采用 Priessmann 四点隐式差分格式进行离散,因变量及其导数的差分形式为:

$$\begin{cases} \dfrac{\partial f}{\partial t} = \varphi \left(\dfrac{f_{j+1}^{n+1} - f_{j+1}^{n}}{\Delta t} \right) + (1-\varphi) \left(\dfrac{f_{j}^{n+1} - f_{j}^{n}}{\Delta t} \right) \\ \dfrac{\partial f}{\partial x} = \theta \left(\dfrac{f_{j+1}^{n+1} - f_{j}^{n+1}}{\Delta x} \right) + (1-\theta) \left(\dfrac{f_{j+1}^{n} - f_{j}^{n}}{\Delta x} \right) \\ f(x,t) = \dfrac{\theta}{2} (f_{j+1}^{n+1} + f_{j}^{n+1}) + \dfrac{1-\theta}{2} (f_{j+1}^{n} + f_{j}^{n}) \end{cases} \quad (3.15)$$

式中:f 为某一任意函数;n、$n+1$ 表示时间层;Δx、Δt 为空间步长、时间步长;j、$j+1$ 表示一维空间层;θ、φ 为空间和时间的权重系数,$0 \leqslant \theta \leqslant 1$,$0 \leqslant \varphi \leqslant 1$。

设 $\Delta f = f^{n+1} - f^{n}$,$\varphi = 0.5$,采用式(3.15)对式(3.14)进行线性化,在线性化过程中舍去二阶以上的小量,则线性化后的连续性方程为:

$$A_{1j} \Delta Q_j + B_{1j} \Delta h_j + C_{1j} \Delta Q_{j+1} + D_{1j} \Delta h_{j+1} = E_{1j} \quad (3.16)$$

其中,$A_{1j} = -4 \dfrac{\theta \Delta t}{\Delta x} \dfrac{1}{B_j^n + B_{j+1}^n}$;$B_{1j} = 1$;$C_{1j} = 4 \dfrac{\theta \Delta t}{\Delta x} \dfrac{1}{B_j^n + B_{j+1}^n}$;$D_{1j} = 1$;

$E_{1j} = \dfrac{2 \Delta t}{B_j^n + B_{j+1}^n} (q_{bj}^n + q_{bj+1}^n) - 4 \dfrac{\Delta t}{\Delta x} \dfrac{Q_{j+1}^n - Q_j^n}{B_j^n + B_{j+1}^n}$。

线性化后的动量方程为:

$$A_{2j} \Delta Q_j + B_{2j} \Delta h_j + C_{2j} \Delta Q_{j+1} + D_{2j} \Delta h_{j+1} = E_{2j} \quad (3.17)$$

其中,$A_{2j} = 1 - \dfrac{\theta \Delta t}{\Delta x} \left(\dfrac{\beta_j^n Q_{j+1}^n}{2 A_j^n} - \dfrac{\beta_j^n Q_j^n}{A_j^n} - \dfrac{\beta_{j+1}^n Q_{j+1}^n}{2 A_{j+1}^n} \right) + 2g\theta \Delta t \dfrac{A_j^n |Q_j^n|}{(K_j^n)^2} + 2g\theta \Delta t \dfrac{A_j^n |Q_j^n|}{(L_j^n)^2}$;

$B_{2j} = \theta \dfrac{\Delta t}{\Delta x} \left[\dfrac{\beta_j^n Q_j^n B_j^n (Q_j^n - Q_{j+1}^n)}{2 A_j^n} - g(A_{j+1}^n + A_j^n) + g(h_{j+1}^n - h_j^n) B_j^n \right] + g\theta \Delta t \dfrac{Q_j^n |Q_j^n|}{(K_j^n)^2}$

$\left(B_j^n - 2 \dfrac{A_j^n}{K_j^n} \dfrac{\mathrm{d} K_j^n}{\mathrm{d} Z_j^n} \right)$;

$C_{2j} = 1 + \dfrac{\theta \Delta t}{\Delta x} \left[\dfrac{\beta_{j+1}^n Q_{j+1}^n}{A_{j+1}^n} + \dfrac{(\beta_j^n - \beta_{j+1}^n) Q_j^n}{2 A_j^n} \right] + 2g\theta \Delta t \dfrac{A_{j+1}^n |Q_{j+1}^n|}{(K_{j+1}^n)^2}$;

$D_{2j} = \dfrac{\theta \Delta t}{\Delta x} \left[\dfrac{\beta_{j+1}^n Q_{j+1}^n B_{j+1}^n (Q_j^n - Q_{j+1}^n)}{2 A_{j+1}^n} + g(A_{j+1}^n + A_j^n) + g(h_{j+1}^n - h_j^n) B_{j+1}^n \right] +$

$g\theta \Delta t \left[\dfrac{Q_{j+1}^n |Q_{j+1}^n|}{(K_{j+1}^n)^2} \left(B_{j+1}^n - 2 \dfrac{A_{j+1}^n}{K_{j+1}^n} \dfrac{\mathrm{d} K_{j+1}^n}{\mathrm{d} Z_{j+1}^n} \right) \right]$;

$$E_{2j} = \frac{\Delta t}{\Delta x} \left[\frac{(Q_{j+1}^n)^2 - Q_j^n Q_{j+1}^n}{2A_{j+1}^n} + \frac{Q_j^n Q_{j+1}^n - (Q_j^n)^2}{2A_j^n} + \frac{\theta Q_j^n \Delta \beta_j (Q_{j+1}^n - Q_j^n)}{2\Delta x A_j^n} + \frac{\theta Q_{j+1}^n \Delta \beta_{j+1} (Q_{j+1}^n - Q_j^n)}{2\Delta x A_{j+1}^n} \right] -$$

$$g(A_{j+1}^n + A_j^n)(Z_{j+1}^n - Z_j^n) - g\Delta t \left[\frac{A_{j+1}^n Q_{j+1}^n |Q_{j+1}^n|}{(K_{j+1}^n)^2} + \frac{A_j^n Q_j^n |Q_j^n|}{(K_j^n)^2} \right]$$

由于雨水管道的形状有矩形管道和圆形管道两类，如图3.5和图3.6所示。针对不同类型的管道，在明满流状态下，则需计算其过水断面面积（A）、湿周（P）、水面宽度（B）及其对水深的导数（B'）、K值及其对水深的导数（K'）。

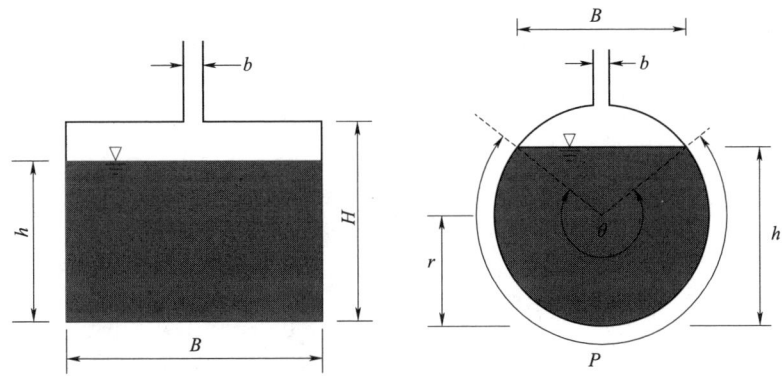

图3.5 矩形管道过水断面图　　　图3.6 圆形管道过水断面图

1. 矩形管道

当 $h \leq H$，雨水则处于未满管流或河网，即水面宽度为 B，则对应的计算为：

$$A = Bh \tag{3.18}$$

$$P = \frac{Bh}{2h + B} \tag{3.19}$$

$$K = \frac{1}{n} A P^{\frac{2}{3}} = \frac{1}{n} (Bh) \left(\frac{Bh}{2h+B} \right)^{\frac{2}{3}} \tag{3.20}$$

$$K' = \frac{dK}{dh} = \frac{1}{n} \left[B \left(\frac{Bh}{2h+B} \right)^{\frac{2}{3}} + \frac{2}{3}(Bh) \left(\frac{Bh}{2h+B} \right)^{-\frac{1}{3}} \left(\frac{B}{2y+B} \right)^2 \right] \tag{3.21}$$

当 $h > H$，水流为满管流，即水面宽度为 b，则对应的计算为：

$$A = BH + (h - H)b \tag{3.22}$$

$$P = \frac{BH + (h-H)b}{2h + 2B - b} \tag{3.23}$$

$$K = \frac{1}{n}AP^{\frac{2}{3}} = \frac{1}{n}[BH+(h-H)b]\left(\frac{BH+(h-H)b}{2h+2B-b}\right)^{\frac{2}{3}} \quad (3.24)$$

$$K' = \frac{dK}{dh} = \frac{1}{n}\left[b\left(\frac{BH+(h-H)b}{2h+2B-b}\right)^{\frac{2}{3}} + \frac{2}{3}[BH+(h-H)b]\left(\frac{BH+(h-H)b}{2h+2B-b}\right)^{-\frac{1}{3}}\right.$$

$$\left.\frac{b(2h+2B-b)-2[BH+(h-H)b]}{(2h+2B-b)^2}\right] \quad (3.25)$$

2. 圆形管道

当 $h \leqslant H$，雨水则处于未满管流或河网，即水面宽度为 B。由于 $\theta = 2\arccos\left(\frac{r-h}{r}\right)$，则对应的计算为：

$$A = \frac{r^2}{2}(\theta - \sin\theta) \quad (3.26)$$

$$P = r\theta = 2\arccos\left(\frac{r-h}{r}\right)r \quad (3.27)$$

$$P' = \frac{dP}{dh} = \frac{2}{\sqrt{1-\left(1-\frac{h}{r}\right)^2}} \quad (3.28)$$

$$B = 2r\left(\sin\frac{\theta}{2}\right) = 2r\sqrt{1-\left(1-\frac{h}{r}\right)^2} \quad (3.29)$$

$$B' = \frac{dB}{dh} = \frac{2r-2h}{\sqrt{h(2r-h)}} \quad (3.30)$$

$$K = \frac{1}{n}AP^{\frac{2}{3}} = \frac{1}{n}\left[\frac{r^2}{2}(\theta-\sin\theta)\right]\left[2\arccos\left(\frac{r-h}{r}\right)r\right]^{\frac{2}{3}} \quad (3.31)$$

$$K' = \frac{dK}{dh} = \frac{1}{n}\left(A'P^{\frac{2}{3}} + \frac{2}{3}AR^{-\frac{1}{3}}P'\right) \quad (3.32)$$

当 $h > H$，水流为满管流，水面宽度为窄缝宽度，即 $B = b$，对应的计算为：

$$B' = \frac{dB}{dh} = 0 \quad (3.33)$$

$$A = \pi r^2 + (h-2r)b \quad (3.34)$$

$$P = 2\pi r \quad (3.35)$$

$$P' = \frac{dP}{dh} = 0 \tag{3.36}$$

$$K = \frac{1}{n}AP^{\frac{2}{3}} = \frac{1}{n}[\pi r^2 + (h-2r)b](2\pi r)^{\frac{2}{3}} \tag{3.37}$$

$$K' = \frac{dK}{dh} = 0 \tag{3.38}$$

3.1.2.2 Preissmann 格式对于管网跨临界流计算适用性研究

通过 Preissmann 四点隐式差分思想可知，研究域（$x \in [0, L]$）内有 $(N+1)$ 个节点 $[x_0, \cdots, x_N]$，其空间步长为 Δx。由于在每个节点（x_i）都有两个未知数（h_i 和 Q_i），所以共有 $(2N+2)$ 个未知数。而在计算域内每相邻的两个节点能得到两个离散方程 [式（3.16）和式（3.17）]，$(N+1)$ 网格点仅能得到 $2N$ 个离散方程。为了使控制方程组封闭有唯一解，满足数学上适定性，控制方程的个数必须满足未知量的个数。通常情况下，另外两个方程由边界条件提供，如当水流流态为缓流时，流量 Q 作为上游边界条件、水深 h 作为下游边界条件；当水流流态为急流时，流量 Q 和水深 h 均作为下游的边界条件。为了使急流和跨临界流均能满足每个边界有一个边界条件，本书重点研究动量方程，通过讨论对流加速项来处理急流和跨临界流问题[133]。为更好处理对流加速项，在对流加速项中引入系数 α、β，设 $0 \leqslant \alpha \leqslant 1$，$0 \leqslant \beta \leqslant 1$，得：

$$\frac{\partial}{\partial x}\left(\frac{Q^2}{A}\right) = \alpha Q \frac{\partial u}{\partial x} + \beta u \frac{\partial Q}{\partial x} \tag{3.39}$$

由于 $Q = Au$，得到：

$$Q \frac{\partial u}{\partial x} = u \frac{\partial Q}{\partial x} - u^2 \frac{\partial A}{\partial x} \tag{3.40}$$

将明渠非恒定流（未满管流）和有压非恒定流（满管流）的雨水管网横截面积代入式（3.40），则 $Q \frac{\partial u}{\partial x}$ 可化为：

$$\begin{cases} 未满管流: Q \frac{\partial u}{\partial x} = u \frac{\partial Q}{\partial x} - Bu^2 \frac{\partial h}{\partial x} \\ 满管流: Q \frac{\partial u}{\partial x} = u \frac{\partial Q}{\partial x} - bu^2 \frac{\partial h}{\partial x} \end{cases} \tag{3.41}$$

在城市雨洪排水管网明满流模型控制方程式（3.14）中，明渠的水面宽度（B）既是管道未满流时的水面宽度（B），也是管道满流时的窄缝宽度（b），把式（3.41）和式（3.39）代入式（3.14），得到以水深和流量为变量的控制方程：

$$\begin{cases} \dfrac{\partial h}{\partial t} + \dfrac{1}{B}\dfrac{\partial Q}{\partial x} = 0 \\ \dfrac{\partial Q}{\partial t} + (gA - \alpha Bu^2)\dfrac{\partial h}{\partial x} + (\alpha + \beta)u\dfrac{\partial Q}{\partial x} + gA\dfrac{Q|Q|}{K^2} + A\dfrac{Q|Q|}{L^2} = 0 \end{cases} \quad (3.42)$$

控制方程用矩阵形式可表示为：

$$\dfrac{\partial U}{\partial t} + M\dfrac{\partial U}{\partial x} = N \quad (3.43)$$

式中：$U = \begin{bmatrix} h \\ Q \end{bmatrix}$；$M = \begin{bmatrix} 0 & \dfrac{1}{B} \\ gA - \alpha Bu^2 & (\alpha + \beta)u \end{bmatrix}$；$N = \begin{bmatrix} 0 \\ -gA\dfrac{Q|Q|}{K^2} \end{bmatrix}$。

采用特征方程的特征值研究 Preissmann 格式对于管网跨临界计算的适用性，首先建立对流加速项系数矩阵 M 的方程：

$$\lambda^2 - (\alpha + \beta)u\lambda - \dfrac{1}{B}(gA - \alpha Bu^2) = 0 \quad (3.44)$$

求解得到方程的根为 $\lambda_{1,2} = \dfrac{\alpha + \beta}{2}u \pm \sqrt{\dfrac{(\alpha + \beta)^2 - 4\alpha}{4}u^2 + g\dfrac{A}{B}}$，因此其特征线的斜率为 $\dfrac{dx}{dt}\Big|_{c^\pm} = \dfrac{\alpha + \beta}{2}u \pm \sqrt{\dfrac{(\alpha + \beta)^2 - 4\alpha}{4}u^2 + g\dfrac{A}{B}}$。

明满流模型控制方程式（3.13）边界条件的确定可用特征线思想，一般规定特征线方向大于 0 时，入流边界处给定物理边界条件，特征线方向小于 0 时，出流边界处应给定物理边界条件。因此，为了确定跨临界流物理边界的类型，需要确定特征线的坡向。而且为了快速辨别两条特征线的斜率，基于两个系数的取值范围，采用极限值（0 和 1）进行组合判别。

（1）组合 1。当 $\alpha = 1$、$\beta = 1$ 时，对流加速项被完全保留。特征线的坡向为 $\dfrac{dx}{dt}\Big|_{c^\pm} = u \pm \sqrt{gA/B}$，对于缓流，$Fr = \dfrac{u}{\sqrt{gA/B}} < 1$，式中 $\sqrt{gA/B} < u$，这两条特征线的坡向恒保持异号，因此，从两个不同的边界进入该区域，这两个边界对应于在每一端使用一个点边界条件；对于急流，$Fr = \dfrac{u}{\sqrt{gA/B}} > 1$，式中 $u > \sqrt{gA/B}$，得到两个特征线坡向恒为正，则在上游边界处给定两个物理边界条件。

(2) 组合 2。当 $\alpha=0$、$\beta=0$ 时，对流加速项被删除。特征线的坡向为 $\dfrac{\mathrm{d}x}{\mathrm{d}t}\bigg|_{c^\pm}=\pm\sqrt{gA/B}$。从特征线坡向表达式可得，特征线方程与弗劳德数（$Fr$）无关，即与流态无关，由于特征线方向恒保持异号，则在上游边界和下游边界处应各给一个物理边界条件。

(3) 组合 3。当 $\alpha=0$、$\beta=1$ 时，$u\dfrac{\partial Q}{\partial x}$ 项被保留。特征线的坡向为 $\dfrac{\mathrm{d}x}{\mathrm{d}t}\bigg|_{c^\pm}=\dfrac{u}{2}\pm\sqrt{\left(\dfrac{u}{2}\right)^2+gA/B}$。从特征线坡向表达式可得，特征线坡向也与弗劳德数（Fr）无关，即与流态无关，由于特征线坡向恒保持异号，则在上游边界和下游边界处应各给一个物理边界条件。

(4) 组合 4。当 $\alpha=1$、$\beta=0$ 时，$Q\dfrac{\partial u}{\partial x}$ 项被保留。由于系数矩阵 M 无实特征值，则特征线坡向不存在。

通过对四种组合结果的分析可知，组合 1 适用于单一的水流流态，如纯缓流、纯急流。对于跨临界流，特征线的坡向受弗劳德数（Fr）的影响。假设水流流态从急流过渡到缓流，则需要 2+1 个物理边界，这使得控制方程的个数变成（$2N+3$），而未知变量的个数是（$2N+2$），不能得到唯一解，即 Preissmann 格式不能用组合 1 去计算跨临界流，反之水流流态从缓流过渡到急流，结果亦然。组合 2 和组合 3 中，两条特征线的坡向均不受弗劳德数（Fr）的影响，并且符号总是相反。相应地在上下游边界各有一个物理边界条件，以至于在计算域内能建立一个封闭的系统。对于（$N+1$）计算节点，且每个节点上由两个未知数的计算域，确保有（$2N+2$）个离散方程对应于（$2N+2$）个未知数，就能得到唯一解。组合 4 对于任何流态都不适用。综上所述，组合 1 和组合 4 被舍弃，组合 2 和组合 3 适用于任何流流态。

3.1.3 明满流数值计算验证

基于组合 2 和组合 3，通过两个不同案例下的解析解[134]和试验数据[135]对明满流数值模型的跨临界流计算适用性进行验证，并且讨论系数 β 对明满流数值模型的影响。

3.1.3.1 明渠跨临界流数值模拟

对于明渠跨临界流，不同流态转换进行了验证，如缓流过渡到急流，急流过渡到缓流，缓流过渡到急流再从急流过渡到缓流，急流过渡到缓流再从缓流过渡到急流等。河道长 1000m，底宽 10m，曼宁系数为 $0.02\mathrm{s/m^{\frac{1}{3}}}$，上游入流流量为 $20\mathrm{m^3/s}$。案例一的入流是缓流，在明渠的中间平稳地转变成急流，且没有边界条件，如图 3.7（a）所示；案例二的入流是急流，在明渠的中间平稳地转变成缓流，如图 3.7（b）所示，且上游边界的水深为 6.216m，下游边界的水深为 1.335m。案例三在入流边界开始为缓流，在 $x=300$m 处平稳转变为急流，而后又在 $x=600$m 处流态又从急流变为缓流，缓流的流态一直保持到出流边界，如图 3.7（c）所示。由于渠底变缓在 $x=600$m 处发生水跃，且上游流入边界的缓流水深和下游流出边界的缓流水深为 1.334m。案例四的入流为急流，并且通过水跃在渠道的中间转变为缓流，然后在 $x=600$m 处又有急流转变为缓流，如图 3.7（d）所示，其上游边界水深为 0.544m。以上案例中，发生水跃的主要原因是渠底的底部高程发生变化引起的，而入流/出流的边界是次要原因。因此，MacDonald 提出了对于明渠恒定流不同流态相互转变的解析解，如图 3.7 所示。

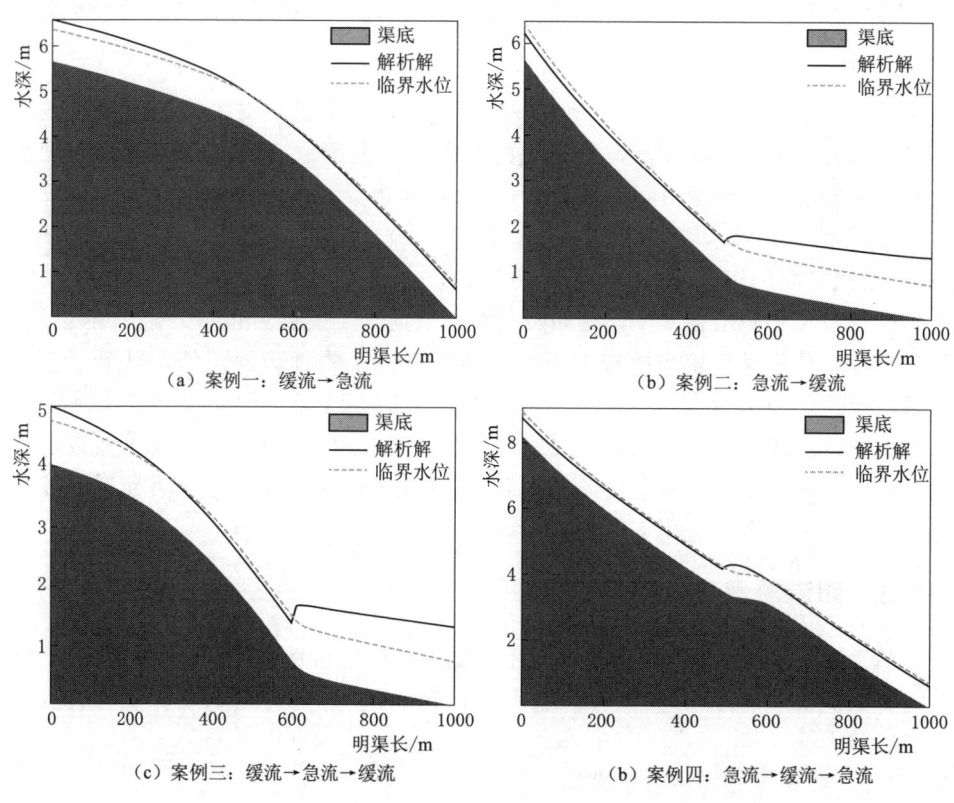

图 3.7 明渠跨临界流渠底、解析解、临界水位示意图

明渠跨临界流的底部高程、临界水位、解析解及组合 2 和组合 3 在 $\Delta x=$ 10m，$\Delta t=0.2$s 时的模拟水深如图 3.8 所示，组合 2 和组合 3 的结果极其相似。这是因为流量不变，则 $\partial Q/\partial x=0$，无论系数 β 是 0 还是 1，模型的结果

都不受影响。然而，图 3.8（a）显示缓流在 $x=460\text{m}$ 处变为急流；图 3.8（b）显示急流在 $x=440\text{m}$ 处变为缓流；图 3.8（c）显示缓流在 $x=258\text{m}$ 处变为急流，又在 $x=485\text{m}$ 处由急流变为缓流；图 3.8（d）显示急流在 $x=472\text{m}$ 处变为缓流，又在 $x=558\text{m}$ 处由缓流变为急流。与解析解对比可知，流态转换略微提前，这是由于忽略了对流加速项中的 $\partial u/\partial x$ 项，使得跨临界流流态转换过程中水跃产生的能量损失不可被忽略了，因此水深高于解析解，以至于流态略微提前改变。总的来说，整体的模拟结果令人满意，该模型可应用于明渠跨临界流中，明渠跨临界流解析解与明满流数值模型模拟结果对比如图 3.9 所示。

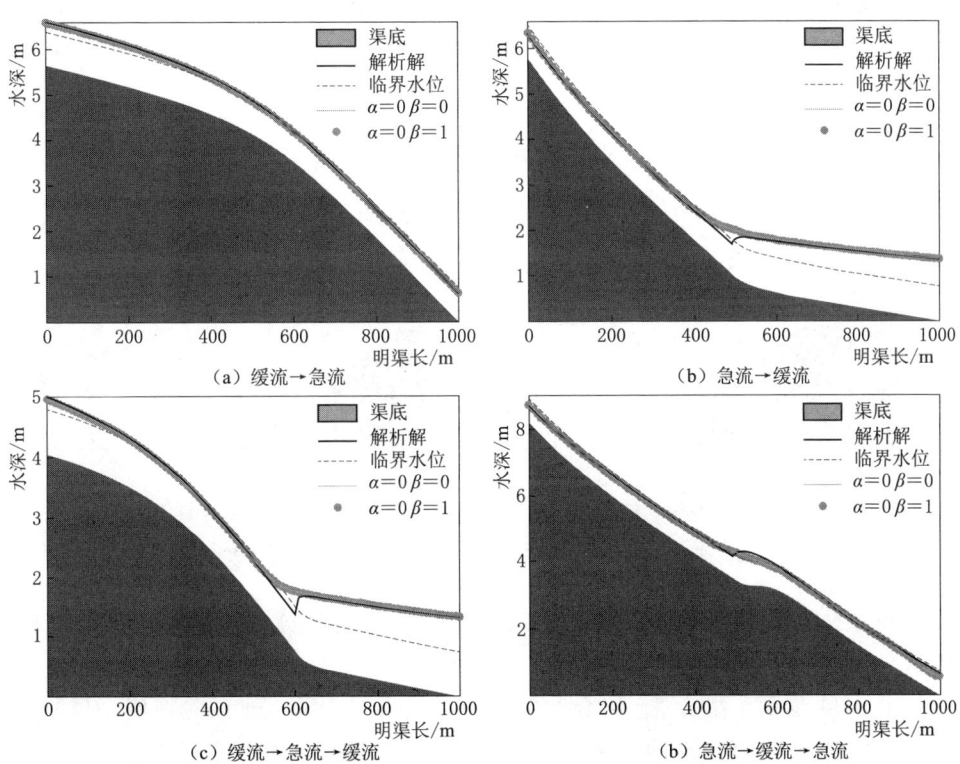

图 3.8 明渠跨临界流解析解与明满流数值模型模拟结果对比

3.1.3.2 管道跨临界流数值模拟

案例五采用 Wiggert 的管道跨临界流试验，试验装置如图 3.10（a）所示，曼宁系数为 $0.01\text{s/m}^{\frac{1}{3}}$、压力波速为 20m/s、初始水位为 0.128m。波从管道的左侧过来，使得管道内压力发生变化。在管道内部安装四个压力水头监测仪器对管内的压力和水位进行监测，如图 3.10（a）所示。为了进行

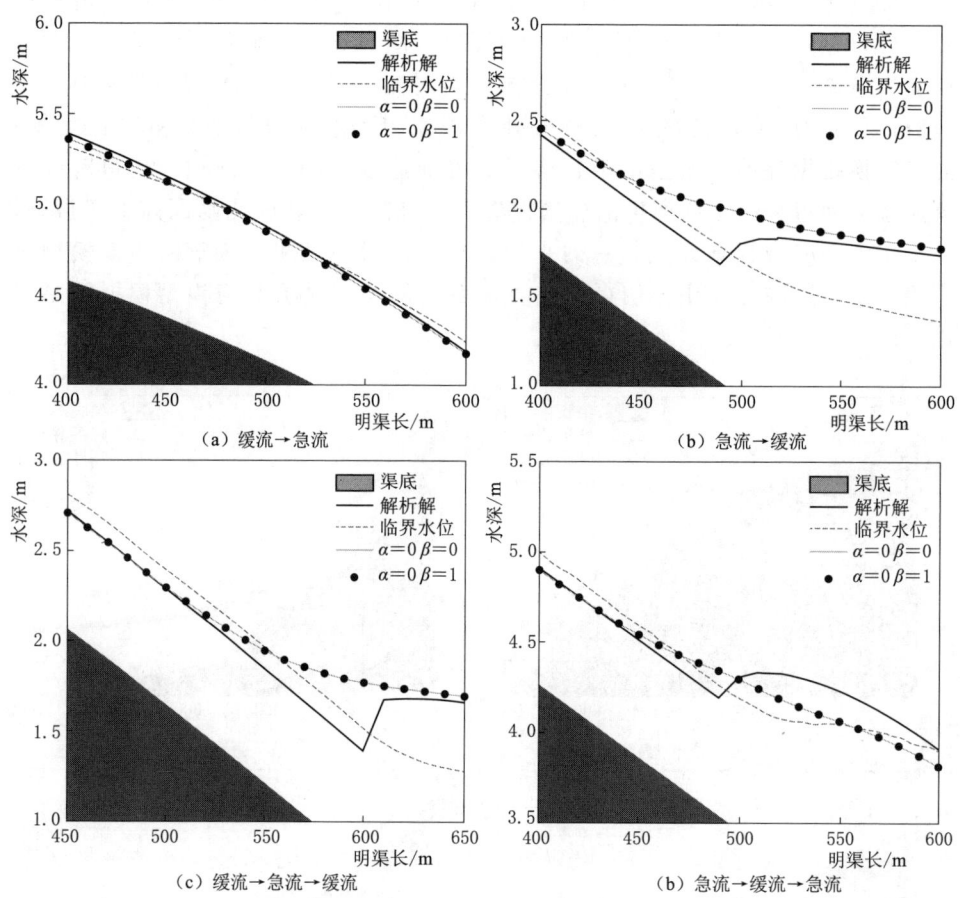

图 3.9 明渠跨临界流解析解与明满流数值模型模拟结果对比

数值模拟，Wiggert测量了管道两端上下游的压力水头，如图3.10（b）所示。

图 3.11 显示了组合2、组合3数值模拟结果与Wiggert试验在四个监测点的压力水头对比。总的来说，组合2和组合3有略微的不同，这是因为对于非恒定流，$\partial Q/\partial x \neq 0$，由于$\partial Q/\partial x$项的系数$\beta$的值不同，则两种组合的模型结果不同，但是这个差别很小，从图3.10可知$\partial Q/\partial x$项的影响几乎可以忽略不计。通过观察发现当波从管道上游往管道的下游传播，在压力水头到达管道顶部时，并没有剧烈的震荡。这是因为对流加速项通常扩大波动影响，而组合2和组合3中去掉了对流加速项中的$\partial u/\partial x$项，所以仅有微小的震荡发生。通过对比可知，数值模拟结果基本与试验结果一致。

综上所述，在对流加速项中$\partial u/\partial x$项在数值模拟过程中起决定性作用，而

3.1 雨水管网明满流数值模型研究

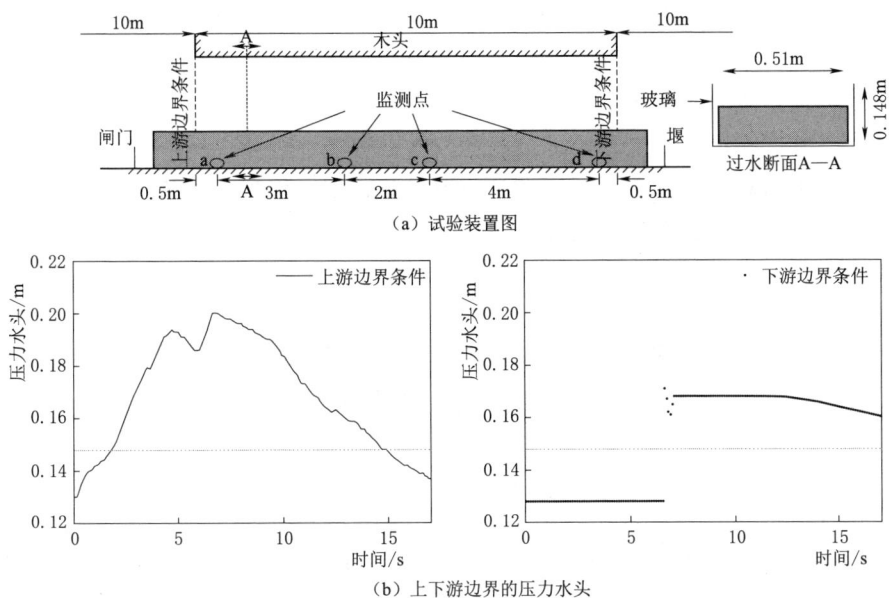

（a）试验装置图

（b）上下游边界的压力水头

图 3.10 Wiggert 试验装置图和上下游边界的压力水头

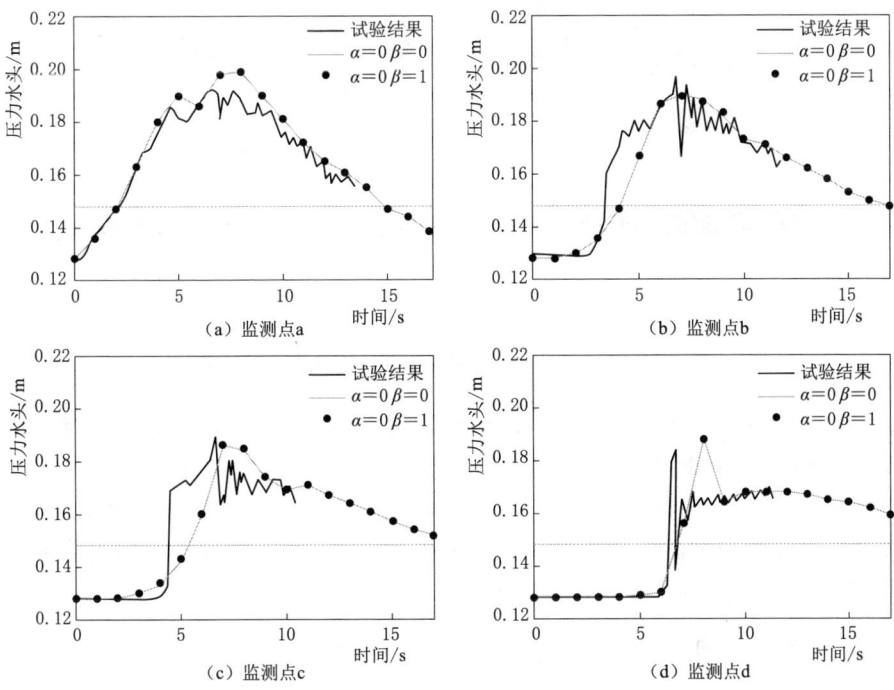

（a）监测点a

（b）监测点b

（c）监测点c

（d）监测点d

图 3.11 对比压力监测点处试验数据与数值模拟数据

$\partial Q/\partial x$ 项对数值模拟结果的影响可以忽略；对流加速项中的项被保留直接影响流态转换过程中水跃/水跌的发生，从而影响流态转换后的水深；Preissmann 窄缝思想使无压流与有压流的控制方程得到统一，但是在无压流向有压流转换的过程中，数值模拟会产生震荡，而且对流加速项会加剧震荡，然而，由于组合 2 和组合 3 中的对流加速项中的 $\partial u/\partial x$ 项被舍弃，则在管顶的数值震荡也减弱了，即明满流模型更符合实际的流态。所以，当采用 Preissmann 格式计算管网跨临界流时，采用减去 $\partial u/\partial x$ 项的对流加速项则更为简单有效。

3.2 雨水管网过水断面突变的理论分析与水工试验研究

雨水管网通常由许多圆形断面或矩形断面的管段构成，且雨水管道的断面、坡度、糙率都沿程不变，但与其相连的雨水井的大小、形状不同。对于未满管流其过水断面将发生突变，如当水流由雨水管道流入雨水井时，过水断面突然增大；当水流由雨水井流入雨水管道时，过水断面突然缩小，如图 3.12 所示。

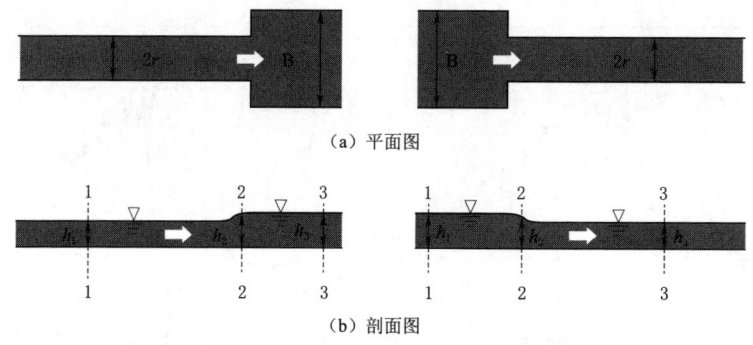

图 3.12 雨水管网与雨水井过水断面

由于雨水井间距较短，在雨水管网内部的过水断面则会发生连续突变的现象，本章以圆形断面雨水管道与矩形断面雨水井为例，以流入和流出雨水井断面为界，分别取过水断面 1—1 与过水断面 2—2，过水断面 2—2 与过水断面 3—3 之间的水流为控制体，基于过水断面的理论分析和水工试验研究雨水管网未满流状态下过水断面连续突变的水力现象。

3.2.1 雨水管网过水断面连续突变理论分析

3.2.1.1 动量理论分析

动量定律指的是单位时间内物体动量的变化等于作用于该物体上各外力的

合力。依据动量定律可推得两个控制断面之间的恒定总流,在单位时间内流出该段的动量与流入该段动量之差等于作用在该控制体上所有外力的合力。但是在应用时必须是恒定、不可压缩流体,且控制断面两端必须是均匀流或渐变流区域,但是两个控制断面之间允许存在急变流。雨水管道与雨水井之间过水断面的突变现象符合上述应用条件,则对流入和流出的控制体可进行动量分析。

1. 流入动量分析

以图 3.12(a)流入段为研究对象,建立圆形管道断面 1—1 至断面 2—2 控制体的动量方程和矩形雨水井断面 2—2 至断面 3—3 控制体的动量方程。

$$\frac{\gamma Q}{g}(v_2\beta_2-v_1\beta_1)=P_1-P_2-F_{f12} \tag{3.45}$$

$$\frac{\gamma Q}{g}(v_3\beta_3-v_2'\beta_2')=P_2'-P_3-F_{f23} \tag{3.46}$$

假设水流为恒定流,且不考虑摩擦力,则 $F_{f12}=0$, $F_{f23}=0$;动量修正系数 $\beta_1=\beta_2=\beta_2'=\beta_3=1$;作用于各断面上的动水压强符合静水压强分布规律,则:

$$\begin{cases} P_1=\gamma A_1 h_{c1} \\ P_2=\gamma A_2 h_{c2} \end{cases} \tag{3.47}$$

$$\begin{cases} P_2'=\gamma A_2' h_{c2}' \\ P_3=\gamma A_3 h_{c3} \end{cases} \tag{3.48}$$

式中:γ 为容重;A_1、A_2 为圆形管道在断面 1—1 和断面 2—2 的过水断面面积,$A_1=(\theta_1-\sin\theta_1)r^2/2$,$A_2=(\theta_2-\sin\theta_2)r^2/2$;$A_2'$、$A_3$ 为雨水井在断面 2—2 和断面 3—3 的过水断面面积;h_{c1}、h_{c2} 为圆形管道在断面 1—1 和断面 2—2 的形心处的水深;h_{c2}'、h_{c3} 为雨水井在断面 2—2 和断面 3—3 的形心处的水深。其中 $\theta_1=\arccos[(r-h_1)/r]$,$\theta_2=\arccos[(r-h_2)/r]$、$A_2'=Bh_2$、$A_3=Bh_3$,依据形心在圆形过水断面和矩形过水断面的求解公式,可得到:

$$P_1=\gamma 2r\left[\frac{h_1-r}{2}\sqrt{h_1(2r-h_1)}+\frac{r^2}{2}\arcsin\left(\frac{h_1-r}{r}\right)+\frac{\pi}{2}\right] \tag{3.49}$$

$$P_2=\gamma 2r\left[\frac{h_2-r}{2}\sqrt{h_2(2r-h_2)}+\frac{r^2}{2}\arcsin\left(\frac{h_2-r}{r}\right)+\frac{\pi}{2}\right] \tag{3.50}$$

$$P_2'=rA_2'\frac{h_2}{2};P_3=rA_3\frac{h_3}{2} \tag{3.51}$$

由连续性方程可得：

$$A_1 v_1 = A_2 v_2 = A_2' v_2' = A_3 v_3 \tag{3.52}$$

将以上各式分别代入式（3.45）和式（3.46），两式相加整理可得：

$$\frac{v_1^2}{g}\left(\frac{A_1^2}{A_3} - A_1\right) = 2r\left[\frac{h_1 - r}{2}\sqrt{h_1(2r - h_1)} + \frac{r^2}{2}\arcsin\left(\frac{h_1 - r}{r}\right) + \frac{\pi}{2}\right] -$$
$$2r\left[\frac{h_2 - r}{2}\sqrt{h_2(2r - h_2)} + \frac{r^2}{2}\arcsin\left(\frac{h_2 - r}{r}\right) + \frac{\pi}{2}\right] +$$
$$\frac{A_2' h_2}{2} - \frac{A_3 h_3}{2} \tag{3.53}$$

由于弗劳德数 $Fr = \dfrac{v}{\sqrt{gh}}$，则流入控制体动量方程可采用 Fr 表示：

$$Fr_1^2\left(\frac{A_1^2}{A_3} - A_1\right) = \frac{2r}{h_1}\left[\frac{h_1 - r}{2}\sqrt{h_1(2r - h_1)} + \frac{r^2}{2}\arcsin\left(\frac{h_1 - r}{r}\right) + \frac{\pi}{2}\right] -$$
$$\frac{2r}{h_1}\left[\frac{h_2 - r}{2}\sqrt{h_2(2r - h_2)} + \frac{r^2}{2}\arcsin\left(\frac{h_2 - r}{r}\right) + \frac{\pi}{2}\right] +$$
$$\frac{A_2' h_2}{2 h_1} - \frac{A_3 h_3}{2 h_1} \tag{3.54}$$

假设 $h_2 = k_e h_1$，k_e 为流入的水深系数，则式（3.54）可整理为：

$$Fr_1^2 = \left\{\frac{2r}{h_1}\left[\frac{h_1 - r}{2}\sqrt{h_1(2r - h_1)} - \frac{k_e h_1 - r}{2}\sqrt{k_e h_1(2r - k_e h_1)} + \right.\right.$$
$$\left.\left.\frac{r^2}{2}\left(\arcsin\frac{h_1 - r}{r} - \arcsin\frac{k_e h_1 - r}{r}\right)\right] + \frac{A_2'}{2}k_e - \frac{A_3}{2}\frac{h_3}{h_1}\right\} \bigg/ \left(\frac{A_1^2}{A_3} - A_1\right) \tag{3.55}$$

若 $h_2 = h_1$，即 $k_e = 1$，则：

$$Fr_1^2 = \frac{\dfrac{A_2'}{2} - \dfrac{A_3}{2}\dfrac{h_3}{h_1}}{\dfrac{A_1^2}{A_3} - A_1} \tag{3.56}$$

2. 流出动量分析

针对流出部分，以图 3.12（b）出流段为研究对象，建立矩形雨水井断面 1—1 至断面 2—2 控制体的动量方程和圆形管道断面 2—2 至断面 3—3 控制体的动量方程：

$$\frac{\gamma Q}{g}(v_2 \beta_2 - v_1 \beta_1) = P_1 - P_2 - F_{f12} \tag{3.57}$$

$$\frac{\gamma Q}{g}(v_3\beta_3 - v_2'\beta_2') = P_2' - P_3 - F_{f23} \tag{3.58}$$

假设水流为恒定流，且不考虑摩擦力，则 $F_{f12}=0$、$F_{f23}=0$；动量修正系数 $\beta_1 = \beta_2 = \beta_2' = \beta_3 = 1$；作用于各断面上的动水压强符合静水压强分布规律，则：

$$\begin{cases} P_1 = \gamma A_1 h_{c1} \\ P_2 = \gamma A_2 h_{c2} \end{cases} \tag{3.59}$$

$$\begin{cases} P_2' = \gamma A_2' h_{c2}' \\ P_3 = \gamma A_3 h_{c3} \end{cases} \tag{3.60}$$

式中：γ 为容重；A_1、A_2 为雨水井在断面 1—1 和断面 2—2 的过水断面面积，$A_1 = Bh_1$；$A_2 = Bh_2$；A_2'、A_3 为圆形管道在断面 2—2 和断面 3—3 的过水断面面积；$A_2' = \frac{r^2}{2}(\theta_2' - \sin\theta_2')$，其中 $\theta_2' = \arccos\frac{r-h_2}{r}$；$A_3 = \frac{r^2}{2}(\theta_3 - \sin\theta_3)$，其中 $\theta_3 = \arccos\frac{r-h_3}{r}$；$h_{c1}$、$h_{c2}$ 分别为雨水井在断面 1—1 和断面 2—2 的形心处的水深；h_{c2}'、h_{c3} 为圆形管道在断面 2—2 和断面 3—3 的形心处的水深；依据形心在圆形过水断面和矩形过水断面的求解公式，可得到：

$$\begin{cases} P_1 = rA_1 \dfrac{h_1}{2} \\ P_2 = rA_2 \dfrac{h_2}{2} \end{cases} \tag{3.61}$$

$$P_2' = \gamma 2r\left[\frac{h_2-r}{2}\sqrt{h_2(2r-h_2)} + \frac{r^2}{2}\arcsin\frac{h_2-r}{r} + \frac{\pi}{2}\right] \tag{3.62}$$

$$P_3 = \gamma 2r\left[\frac{h_3-r}{2}\sqrt{h_3(2r-h_3)} + \frac{r^2}{2}\arcsin\frac{h_3-r}{r} + \frac{\pi}{2}\right] \tag{3.63}$$

由连续性方程，可得：

$$A_1 v_1 = A_2 v_2 = A_2' v_2' = A_3 v_3 \tag{3.64}$$

将以上各式代入式（3.57）和式（3.58），两式相加整理得：

$$\frac{v_1^2}{g}\left(A_3 - \frac{A_3^2}{A_1}\right) = \frac{A_1 h_1}{2} - \frac{A_2 h_2}{2} + 2r\left[\frac{h_2-r}{2}\sqrt{h_2(2r-h_2)} + \frac{r^2}{2}\arcsin\left(\frac{h_2-r}{r}\right) + \frac{\pi}{2}\right]$$

$$- 2r\left[\frac{h_3-r}{2}\sqrt{h_3(2r-h_3)} + \frac{r^2}{2}\arcsin\left(\frac{h_3-r}{r}\right) + \frac{\pi}{2}\right] \tag{3.65}$$

由于弗劳德数 $Fr = \dfrac{v}{\sqrt{gh}}$，则流出控制体动量方程可采用 Fr 表示：

$$Fr_3^2 = \left\{ \frac{A_1 h_1}{2h_3} - \frac{A_2 h_2}{2h_3} + \frac{2r}{h_3}\left[\frac{h_2-r}{2}\sqrt{h_2(2r-h_2)} + \frac{r^2}{2}\arcsin\frac{h_2-r}{r} \right] \right.$$

$$\left. - \frac{2r}{h_3}\left[\frac{h_3-r}{2}\sqrt{h_3(2r-h_3)} + \frac{r^2}{2}\arcsin\frac{h_3-r}{r} \right] \right\} \Big/ \left(A_3 - \frac{A_3^2}{A_1} \right) \quad (3.66)$$

假设 $h_2 = k_c h_3$，k_c 为流出的水深系数，则式（5.22）可整理为：

$$Fr_3^2 = \left\{ \frac{A_1 h_1}{2h_3} - \frac{A_2 k_c}{2} + \frac{2r}{h_3}\left[\frac{k_c h_3 - r}{2}\sqrt{k_c h_3(2r - k_c h_3)} - \frac{h_3-r}{2}\sqrt{h_3(2r-h_3)} \right.\right.$$

$$\left.\left. + \frac{r^2}{2}\left(\arcsin\frac{k_c h_3-r}{r} - \arcsin\frac{h_3-r}{r} \right) \right] \right\} \Big/ \left(A_3 - \frac{A_3^2}{A_1} \right) \quad (3.67)$$

若 $h_2 = h_3$，即 $k_c = 1$，则：

$$Fr_3^2 = \frac{\dfrac{A_1}{2}\dfrac{h_1}{h_3} - \dfrac{A_2}{2}}{A_3 - \dfrac{A_3^2}{A_1}} \quad (3.68)$$

综上所述，式（3.55）和式（3.67）表示了弗劳德数与各过水断面的面积、水深之间的关系。由于在流入和流出控制体中，断面 2—2 均位于突变的交界处，所以断面 2—2 的水深也应该在 h_1 和 h_3 之间，即 k_e 的值小于 1，k_c 的值大于 1。假设雨水井的长宽均为 0.4m，雨水管道的直径为 0.2m，可得到弗劳德数 Fr 与水深比 h_3/h_1 之间的关系图，如图 3.13 所示。

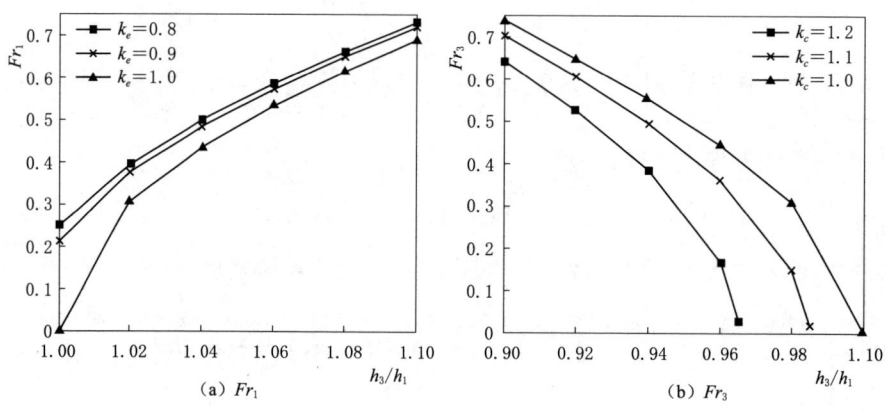

图 3.13　Fr 与 h_3/h_1 的关系图

由图 3.13 (a) 可知，对于流入控制体，在亚临界流中，随着过水断面的突然增加，水深值将增加，且 $k_e<1$ 时的水深值增加量比 $k_e=1$ 时的小；由图 3.13 (b) 可知，对于流出控制体，在亚临界流中，随着过水断面突然缩小，水深值将减小，且 $k_c>1$ 时的水深减少量比 $k_c=1$ 时的大。因此，当雨水由上游雨水管道流入雨水井，突变后的水深增加，再由雨水井流入

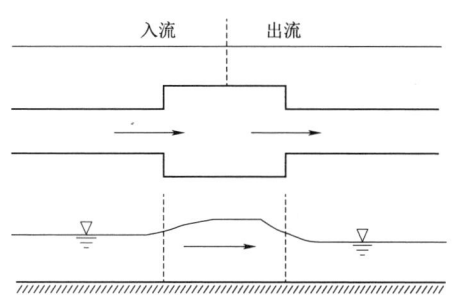

图 3.14 连续突变雨水管道过水断面平面图和剖面图

下游雨水管道时，水深将减少，且下游雨水管道的水深小于上游雨水管道的水深，如图 3.14 所示。

3.2.1.2 能量理论分析

对于上述入流控制体和出流控制体，其能量方程均为：

$$E_1 = E_3 + \Delta E \tag{3.69}$$

即：

$$h_1 + \frac{\alpha_1 Q^2}{2g(A_1)^2} = h_3 + \frac{\alpha_3 Q^2}{2g(A_3)^2} + \Delta E \tag{3.70}$$

式中：α_1 和 α_3 为能量修正系数；ΔE 为能量水头损失。若忽略能量水头损失，且取 $\alpha_1=\alpha_3=1$，则上式可整理为：

$$h_1 + \frac{Q^2}{2g(A_1)^2} = h_3 + \frac{Q^2}{2g(A_3)^2} \tag{3.71}$$

对于水平管道，且以断面最低点为基准面，则上式两边的能量水头也可代表断面 1—1 和断面 3—3 的断面比能 E_{s1} 和 E_{s3}，不同宽度的比能曲线如图 3.15 所示。

由图 3.15 可知，对于缓流区，当比能相同时，水深 h 随宽度 b 的减少而减少。假设临界水深 h_k 对应的管道宽度为 b_k，当雨水从雨水井流入雨水管道时，如果管道的宽度小于或等于 b_k，水流将发生阻塞现象，导致上游水面升高，临界流的发生，使得下游流态变为急流，且水面有水跃产生。如果能量损失没有忽略，则相同的上游比能下，b_k 的值将会变大，因此，为避免发生水流阻塞、急流、水跃现象及上游水面升高现象的发生，能量损失是不能忽略的。

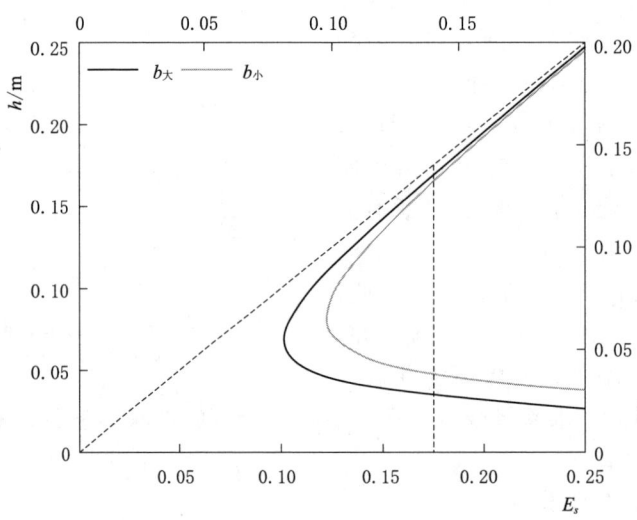

图 3.15　不同宽度的比能曲线图

由不同宽度的比能曲线对比可类推，在未发生水流阻塞现象且未考虑能量损失的情况下，流入控制段的上游水深和流出控制段的下游水深是相同的。但由于能量损失不能忽略，随着沿程损失的减少，在缓流区，流入控制段的上游水深大于流出控制段的下游水深。

3.2.2　雨水管网过水断面的水工试验研究

本小节在理论分析的基础上进行水工试验，研究单个雨水井对雨水管道中造成的影响以及连续雨水井对雨水管道造成的影响，并对相邻雨水管道间的水力现象（如水深变化、能量损失等）进一步研究探讨。

3.2.2.1　试验装置

本次水工试验场地为水利馆试验大厅，试验设备如水塔、水泵、地下水库、流量计、静水槽、回水口等，在静水槽与出水口之间用定床渠道进行连接，定床渠道长 14m，宽 0.4m，高 0.6m，在渠道内部设置雨水管道与雨水井装置，其试验系统图如图 3.16 所示，水工试验模型布置图如图 3.17 所示。

本次试验雨水井设有三种装置，装置一由三个圆形管段和两个正方形雨水井组成，其中管道直径为 0.2m，管段 1 长 4m、管段 2 和管段 3 均长 2m，两个雨水井的长宽均为 0.4m，如图 3.18（a）所示；装置二由两个圆形管段和一个雨水井组成，其中管道直径为 0.2m，管段 1 长 4m，管段 2 长 4.4m，雨水井的长宽均为 0.4m，如图 3.18（b）所示；装置三由管段 1 组成，无雨水井设置，其管道 1 直径为 0.2m，管段长 8.8m，如图 3.18（c）所示。

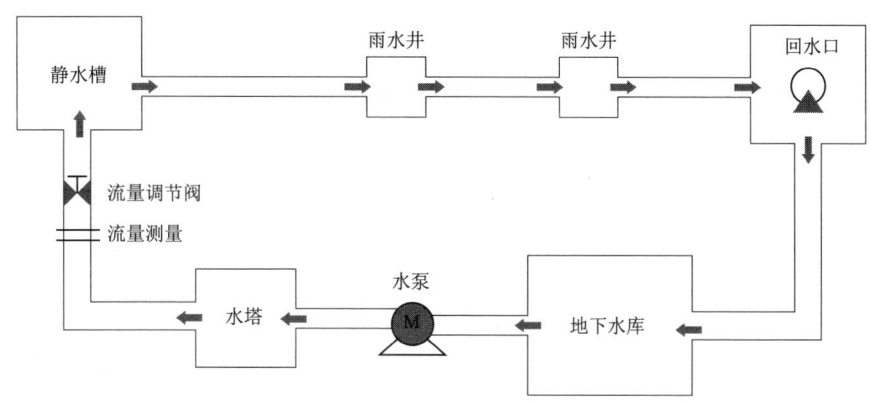

图 3.16 水工试验系统图

上述三个装置分别采用四组不同的流量进行试验（$Q_1=0.013\text{m}^3/\text{s}$、$Q_2=0.0155\text{m}^3/\text{s}$、$Q_3=0.0185\text{m}^3/\text{s}$、$Q_4=0.0207\text{m}^3/\text{s}$）。为了静水槽流入雨水管道的水有一个平稳的过渡期，且下游流入出水口的水对试验管段不产生影响，本书设置上游前 2m 为入流段，下游后 3.2m 为出流段。由于装置一布置的雨水井个数较多，则测量断面的位置以装置一的布置为主，为观测雨水井处流入流出的水流状态，测量点具体的设置如下，在 $L=3.4\sim 5\text{m}$ 处、$L=5.8\sim 7.4\text{m}$ 处及 $L=8.2\sim 8.8\text{m}$ 处，每隔 0.05m 设置一个测量点；在长度 $L=2\sim 3.4\text{m}$ 处、$L=5\sim 5.8\text{m}$ 处及 $L=7.4\sim 8.2\text{m}$ 处，每隔 0.2m 设置一个测量点。

图 3.17 水工试验模型布置图

3.2.2.2 试验结果与讨论

本书针对试验结果从局部水流现象、纵向水面线、能量损失等方面进行讨论，验证 3.2.1 小节动量理论分析和能量理论分析结果的正确性和适用性。

1. 突变雨水管道局部水流现象

突变雨水管道局部水流现象研究重点关注流入、流出雨水井的水流流态。

第3章 雨水管网复杂流态数值计算研究

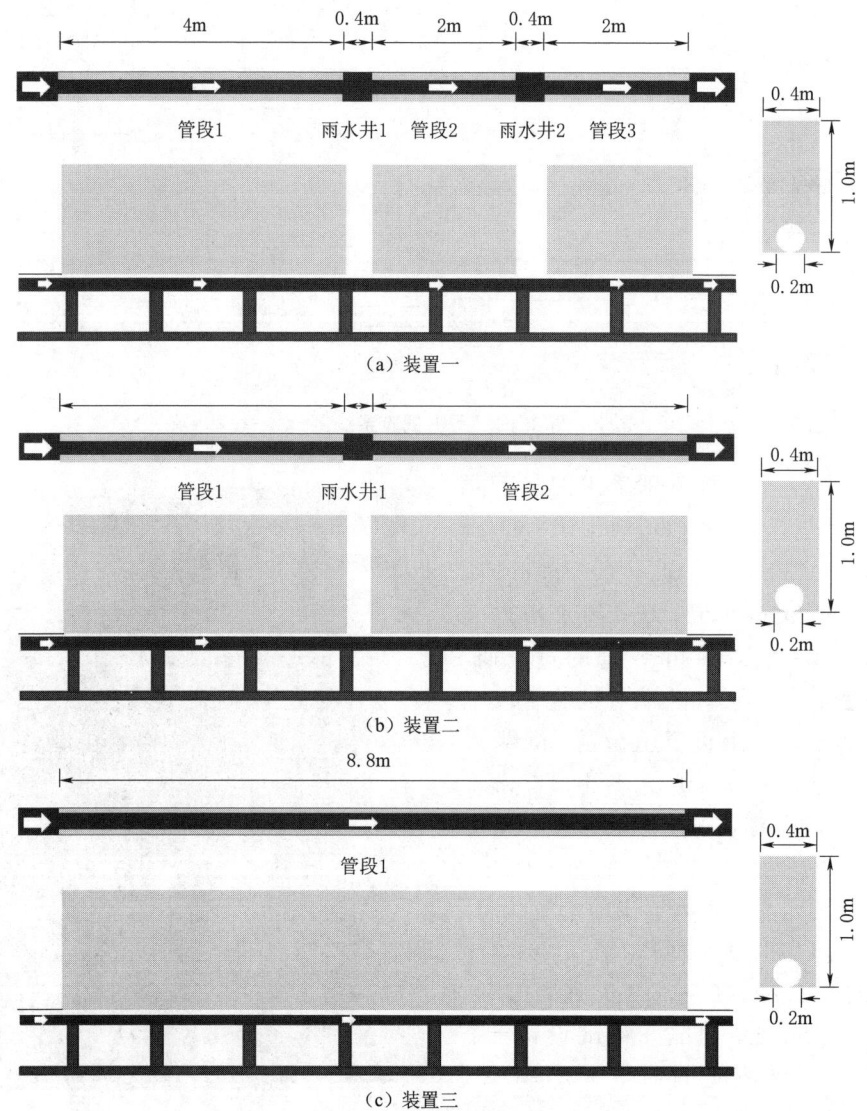

图 3.18 三种装置的平面示意图和剖面示意图

以雨水井 2 为研究对象,当 $Q=0.013\text{m}^3/\text{s}$ 时,雨水管道雨水流入、流出雨水井 2 的平面图和剖面图如图 3.19 所示。

通过对雨水井 2 进行动态观测发现,水流流入雨水井后两侧流离区内有吸力漩涡产生,在流出雨水井前的两侧有压力漩涡产生。结合图 3.19 可知水流流入雨水井后,雨水井内的水面被抬高,且产生交波状的水面波动;水流流出雨水井后有水跃产生,与理论分析吻合。

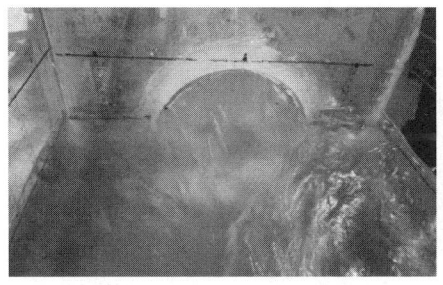

(a) 平面图

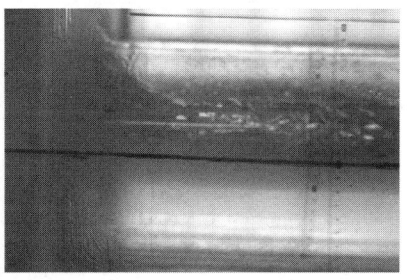

(b) 剖面图

图 3.19 流入、流出雨水井 2 的平面图与剖面图

由图 3.20 的比能曲线图可知,在缓流区如果宽度由 0.4m 降至 0.3m,突缩后的比能通过下游雨水管道且不发生阻塞现象;如果将宽度由 0.4m 降至 0.2m,突缩后的比能已接近不发生阻塞最小宽度,而实际上会有能量损失产生,即宽度降到 0.2m 时应该已经发生阻塞的水流流态。在水工试验中也验证了这点,水流流出雨水井的能量损失对雨水井及流出后的水位均有明显的影响。

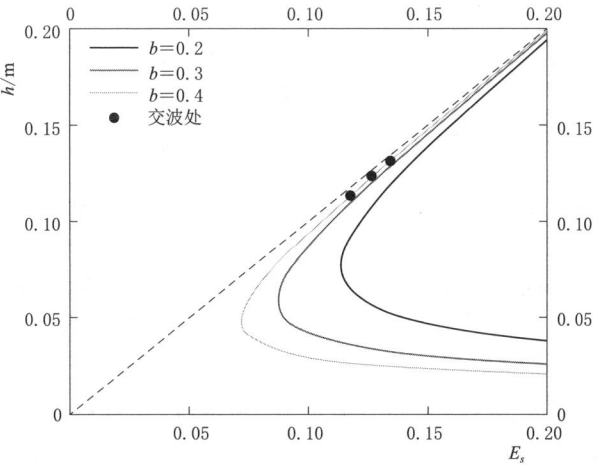

图 3.20 不同宽度的比能曲线对比图 ($Q=0.013\text{m}^3/\text{s}$)

2. 突变雨水管道纵向水面线

流量为 $0.013\mathrm{m}^3/\mathrm{s}$、$0.0155\mathrm{m}^3/\mathrm{s}$、$0.0185\mathrm{m}^3/\mathrm{s}$、$0.0207\mathrm{m}^3/\mathrm{s}$ 时，装置一、装置二、装置三对应的各断面的平均水深如图 3.21 所示。

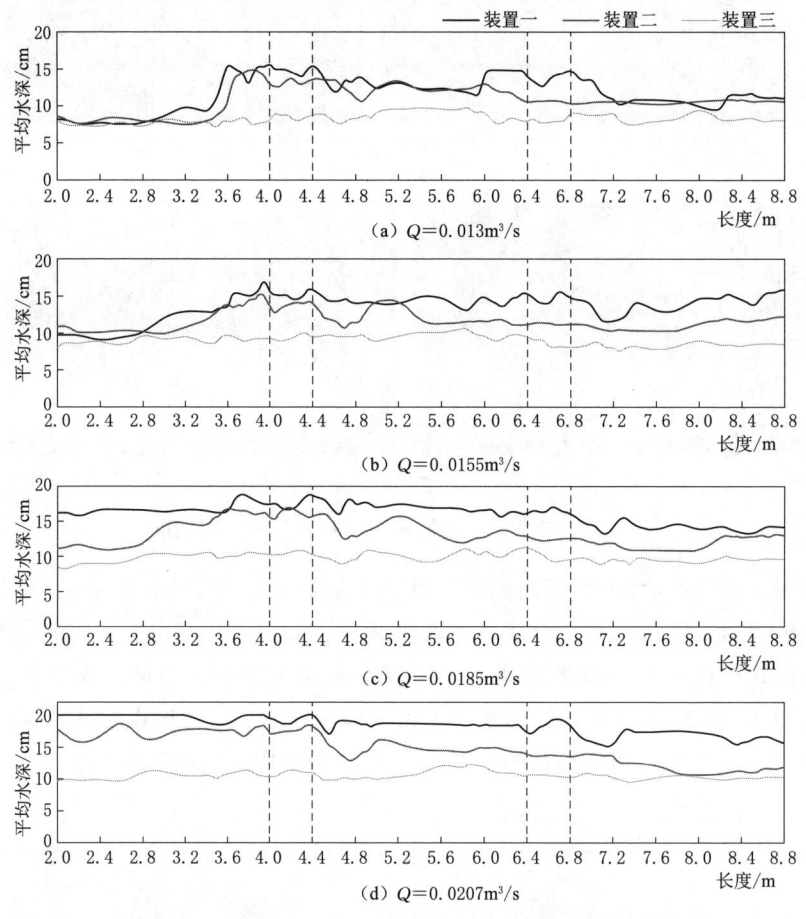

图 3.21 四种流量下三种装置纵向水面线的对比图

由图 3.21 可知，不同流量下，装置三的纵向水面线波动范围较小，由于在装置一和装置二中设置了雨水井，使雨水管道发生连续的突变现象，导致装置一和装置二的纵向水面线波动范围较大；相同流量下，装置一和装置二中的水流在流入、流出雨水井装置时，纵向水面线高程均会高于未设置雨水井的装置三高程，且下游纵向水面线也受雨水井装置的影响；流量为 $0.0133\mathrm{m}^3/\mathrm{s}$ 时，雨水井的设置并没有对上游产生回水的影响，但随着流量的增大，当达到一定的阈值，设有雨水井装置的水深将大于未设置雨水井装置的水深，即由于回水的影响，装置一和装置二的水深大于未装置三的水深，影响范围可采用回水演算求得。

为验证动量理论分析中式（3.55）和式（3.67）提出的弗劳德数与突变宽度比、突变水深比之间的关系，基于图3.20中的纵向水面线，对于入流控制体，选取流入雨水井前0.06m的平均水深作为入流前的水深h_1，选取雨水井内平均水深作为入流后的水深h_3；对于出流控制体，选取流出雨水井内的平均水深作为流出前的水深h_1，选取流出雨水井后0.06m的平均水深作为流出后的水深h_3。则得到不同流量下，雨水管道突变前后弗劳德数与突变宽度比、突变水深比之间的关系，如图3.22所示。

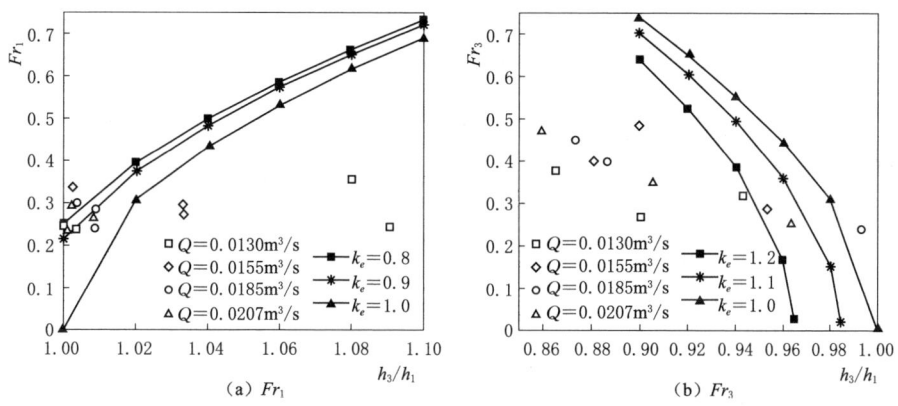

图3.22 流入控制体Fr与h_3/h_1的关系

由图3.20可知，在入流断面处的水深（h_2）均小于等于入流前的水深（h_1），即$h_2 \leqslant h_1$，由于3.2.1.1小节假设$h_2=k_e h_1$，则$k_e \leqslant 1$；而在出流断面处的水深（h_2）均大于等于出流后的水深（h_3），即$h_2 \geqslant h_3$，由于3.2.1.1小节假设$h_2=k_c h_3$，则$k_c \geqslant 1$。因此，本书在式（3.55）和式（3.67）选取k_e为1.0、0.9、0.8，k_c为1.0、1.1、1.2，其弗劳德数与突变宽度比、突变水深比之间的关系如图5.10所示，通过水工试验得到的结果放在图3.21中，可发现k_e取0.8至1.0、k_c取1.0至1.2得到的试验值与式（3.55）和式（3.67）选取的范围颇为吻合。

3. 突变雨水管道能量损失

通常雨水管道的能量损失来自摩擦损失，在设置雨水井的雨水管道中还应考虑流入雨水井的能量损失和流出雨水井的能量损失。通常对于突扩管渠的能量损失计算公式为：

$$\Delta E_e = k_e \frac{(v_1 - v_3)^2}{2g} \tag{3.72}$$

式中：v_1 为突扩前的平均流速；v_3 为突扩后的平均流速。

对于突缩管渠的能量损失计算公式为：

$$\Delta E_i = k_i \frac{v_3^2}{2g} \quad (3.73)$$

Formia 在突扩渠流和突缩渠流应用上述公式的时候，k_o 取 0.82，k_i 取 0.1。本书计算能量损失系数时。对于突缩雨水管道的能量损失采用式（3.73）；由于突扩后的平均流速 v_3 不易估测，则对于突扩能量损失系数计算，将不采用式（3.72），而采用张博超[136] 提出的突扩管渠的能量损失计算公式：

$$\Delta E_o = k_o \frac{v_1^2}{2g} \quad (3.74)$$

通过水工试验可得到流入、流出雨水井上下游的水深，可依据式（3.70）计算出总能量损失及上下游处的平均流速计算流入能量损失系数 k_o 和流出能量损失系数 k_i，如图 3.23 所示。

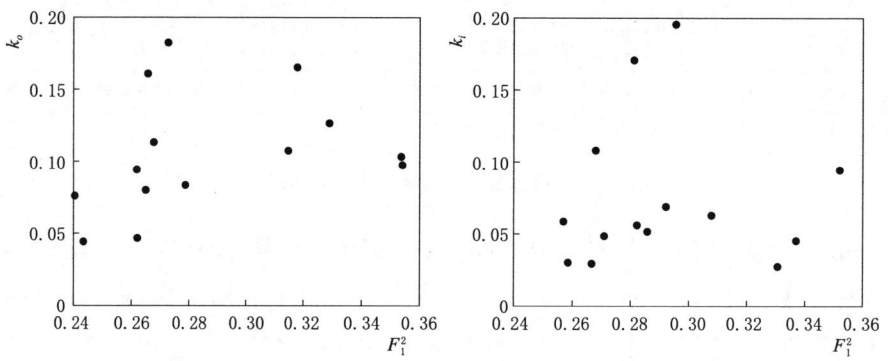

图 3.23 流入能量损失系数 k_o 与流出能量损失系数 k_i 分布图

由图 3.23 可知，由水工试验得到的流入能量损失系数分布范围在 0.04～0.13 之间、流出能量损失系数分布范围在 0.02～0.1 之间，可取 k_o 的均值为 0.105673、k_i 均值为 0.074785。因此，在明渠水流通过雨水管网流入、流出雨水井时的能量损失约为 18%。

3.3 本章小结

为解决 Priessmann 四点隐式差分格式在急流和跨临界流中适定性的问题，本章对动量方程中的对流加速项进行细化分析，并通过明渠跨临界流的解析解及明满流试验数据进行了验证，得出对流加速项中 $\partial u / \partial x$ 项在数值模拟过程中起决定性作用,而$\partial Q/\partial x$项对数值模拟结果的影响可以忽略;为解决未满管流状态下雨水井引起的雨水管道过水断面突变问题,本章基于理论分析得出水流流入雨水井时,产生回水影响,使得上游水位升高;而水流流出雨水井时,则发生阻塞现象,使上游水位抬得更高,并用水工试验进行了验证。通过水工试验还得出了流入雨水井的能量损失均值为 0.106、流出雨水井的能量损失均值为 0.075。

第 4 章 精细化地表产汇流和地上地下双层耦合计算研究

随着城市化进程的发展，大面积的天然植被被建筑物和硬化地面所取代，削弱了地表的下渗能力和雨水截留能力，且人为的抬高宅基地和地面的高程，更是加快了地表径流的速度，使得地表产流量远远超过地下雨水管网的排水能力。本章将采用第 1 章中基于高分辨率无人机影像获取下垫面基础数据，构建基于栅格的地表产汇流模型，模拟树木冠层截流、草地土壤下渗、地表产流、地表水深、相邻子汇水区汇流等水文循环过程；在地上地下双层耦合计算时，提出雨水篦子-雨水井相耦合的计算方法。

4.1 地表产汇流模型研究

4.1.1 基于不同覆盖类型栅格的地表产流计算模型

基于栅格的产流模型采用分布式的构建方式，在每一个栅格上建立物理概念模型来计算净雨量。由于复杂的城市下垫面，采用高空间分辨率的地形资料和土地利用数据是构建精细化城市雨洪模型的基础。本模型采用分辨率较高的无人机航测影像数据提取分辨率为 0.05m 的土地利用分类图层和分辨率为 2.5m 的 DEM 图层，且当 DEM 分辨率较高、栅格尺寸较小时，假定栅格内的水文特性均匀分布。

4.1.1.1 基于不同覆盖类型栅格的产流量计算

基于第 1 章 MKFCM-MRF 模型的高分辨率无人机影像聚类结果可得到研究区域的土地利用类型，如树木、草地、建筑物、道路和水体。由于不同地物类型的损失量计算方法不同，则每个栅格依据不同的覆盖类型分别计算产流量。

1. 树木冠层的截留计算

城市树木对调节城市水文循环和影响地表水方面发挥着重要作用。无论下垫面地表是透水地面还是不透水地面，树木在降雨过程中可以拦截、过滤、蒸发一定的雨水，减少了雨水径流的产生，这些减少的雨水形成冠层截留，停留在树木的枝叶表面。目前已有很多算法或者模型被广泛应用于模拟树木冠层截留过程[137-138]，其中覆被相关法应用较为广泛[139]。该算法认为植被的种类对冠层最大截留量起决定性作用，可通过叶面积指数 LAI 进行描述：

$$I_v = k_c d_c LAI \tag{4.1}$$

式中：I_v 是树木冠层潜在截留能力，mm；k_c 是树木冠层截留系数，通常取值为 0.1~0.2mm；d_c 是覆被覆盖度，反映覆被空间分布情况；LAI 是叶面积指数，可依据遥感获得的 NDVI 值反演计算。

在模型中，认为冠层截留达到最大存储量时，截留率才会下降。假如时间步长内的降雨强度为 i，t 时刻潜在的截留能力减去 $t-1$ 时刻实际截流量为 t 时刻的实际截留能力 $I_{cd}(t)$，则该 Δt 时段内树木冠层的实际截留量由降雨强度 i 和实际截留能力 $I_{cd}(t)$ 决定：

$$I_{actual}(t) = \begin{cases} i\Delta t & i\Delta t \leq I_{cd}(t) \\ I_{cd}(t) & i\Delta t > I_{cd}(t) \end{cases} \tag{4.2}$$

树木在降雨过程中均发生冠层截留，由于城市硬化道路较多，绝大部分树木遮盖的地表为不透水路面，则损失量以树木冠层截留为主，所以树木的产流量是由扣除截留量的降雨量转化得到的，即：

$$R_{tree} = P - I_{actual} \tag{4.3}$$

式中：R_{tree} 为树木的产流量；P 为降雨量。

2. 草地的产流量计算

草地的降雨损失量按蓄满产流模式进行计算，降雨首先补给土壤蓄水容量的不足，当土壤中的蓄水量达到蓄水容量时，便产生地表径流。对于短时强降雨，其蒸发量、植被截流量可忽略不计。其产流量计算表达式为：

$$R_{Grass} = \begin{cases} 0 & i \leq f_{cur} \\ (i - f_{cur})\Delta t & i > f_{cur} \end{cases} \tag{4.4}$$

式中：R_{Grass} 为草地的产流量；i 为时间步长内的降雨强度；f_{cur} 为实际下渗率；Δt 为时间步长。

实际下渗率 f_{cur} 计算采用 Horton 下渗曲线法。Horton 假定下渗率在降雨初期最大，随降雨的持续进行而不断衰减，且消退速率与剩余量成正比，即：

$$f_p = f_\infty + (f_0 - f_\infty)e^{-kt} \tag{4.5}$$

式中：f_p 为土壤下渗率；f_0 为最大下渗率；f_∞ 为最小下渗率；k 为下渗的衰减系数；t 为累积有效下渗时间。

实际下渗率为：

$$f_{\text{cur}} = \min[f_p(t), i(t)] \tag{4.6}$$

由式（4.5）可知，f_p 随着时间的增加会逐渐减小，这将导致无论土壤入渗多少降雨量，其下渗能力都在不断变小。为弥补这一缺陷，对土壤的下渗率计算公式两边进行积分，可得累计下渗量：

$$F(t_p) = \int_0^{t_p} f_p \, dt = f_\infty t_p + \frac{(f_0 - f_\infty)}{k}(1 - e^{-k t_p}) \tag{4.7}$$

式中：F 为 t_p 时刻的累积下渗量。

假定：

$$f_{\text{cur}} = f_p \tag{4.8}$$

则实际累积下渗量为：

$$F(t) = \int_0^t f_{\text{cur}}(\tau) \, d\tau = \int_0^t f_p(\tau) \, d\tau \tag{4.9}$$

通过求解假定的实际累积下渗量，让其与累积下渗量计算结果相等，即可确定时间 t_p 的值。

累积 Horton 曲线上的 t_p 一定是小于等于实际发生的时间 t，即某一时刻通过 Horton 经验式（4.5）所得的下渗能力 f_p 将小于或等于实际可达到的下渗能力 $f_p(t_p)$。这样一来，f_p 不仅是时间的函数，还是实际累计下渗量的函数。

则针对每一个时间步长，任意时段的平均下渗能力是：

$$\overline{f}_p = \frac{1}{\Delta t} \int_{t_p}^{t_1 = t_p + \Delta t} f_p \, dt = \frac{F(t_1) - F(t_p)}{\Delta t} \tag{4.10}$$

式中：t_p 为时段初累积有效下渗时间；Δt 为计算的时段长；$\overline{f}_p$ 为时段平均下渗率。

由下渗率式（4.6）可得：

$$\overline{f}_{\text{cur}} = \begin{cases} \overline{f}_p, & \overline{i} \geq \overline{f}_p \\ \overline{i}, & \overline{i} < \overline{f}_p \end{cases} \tag{4.11}$$

式中：$\overline{f}_{\text{cur}}$ 为时间步长内的实际平均下渗率；$\overline{i}$ 为时间步长内的平均雨强。

则增量的累积下渗为：

$$F(t+\Delta t)=F(t)+\Delta F=F(t)+\overline{f}_{\text{cur}}\Delta t \tag{4.12}$$

式中：$\Delta F=\overline{f}_{\text{cur}}\Delta t$ 为增加的累积下渗量。

则联立式（4.7）和式（4.9），使得假定的实际累积下渗量等于 t_p 时刻的累积下渗量，进行计算可求的新的 t_{p1}。t_{p1} 的求解步骤如下：

(1) 如果 $\Delta F=\overline{f}_{\text{cur}}\Delta t$，$t_{p1}=t_p+\Delta t$。

(2) 当 $t_{p1}<t_p+\Delta t$，则使用 Nowton - Raphson 进行迭代求解出 t_{p1}。

首先，把式（4.9）设为一个函数：

$$FF=f_\infty t_p+\frac{(f_0-f_\infty)}{k}(1-e^{-kt_p})-F \tag{4.13}$$

然后，对函数 FF 进行求导得：

$$FF'=f_\infty+(f_0-f_\infty)e^{-kt_p}=f_p(t_p) \tag{4.14}$$

假设：

$$t_{p1}(n)=t_p+\frac{\Delta t}{2} \tag{4.15}$$

式中：n 为迭代次数。

则：

$$t_{p1}(n+1)=t_p(n)-\frac{FF}{FF'} \tag{4.16}$$

收敛准则为 $\dfrac{FF}{FF'}<0.01\Delta t$。

(3) 当 $t_p\geqslant\dfrac{16}{k}$ 时，$f_p=f_\infty$，则停止迭代。

3. 道路、建筑物的产流量计算

道路和建筑物属于不透水类型，对于短时强降雨，蒸发量可忽略不计，而降雨在不透水类型上的损失量几乎为 0，降雨量被完全转化为产流量，则道路和建筑物的产流量计算公式为：

$$R_{\text{Road}}=P \tag{4.17}$$

$$R_{\text{Building}}=P \tag{4.18}$$

式中：R_{Road} 为道路的产流量；R_{Building} 为建筑物的产流量；P 为降雨量。

4. 水体的产流量计算

水体通常指明渠、河道、塘、蓄水池等有蓄水能力的下垫面。在降雨过程

中,所有的降雨量都为损失量,相应汇水区中没有产流量,即:

$$R_{\text{Water}} = 0 \tag{4.19}$$

式中:R_{Water} 为水体的产流量。

4.1.1.2 地表水深计算

子汇水区产流量的水深采用非线性水库联立连续性方程和曼宁方程进行计算,产流量由所在栅格的土地类型决定。实际降雨或穿透树木冠层截留和达到土壤最大下渗率的降雨在地表产流过程中,均可建立连续性方程为:

$$\frac{dh_w}{dt}A = A_{\text{Tree}}i^*_{\text{Tree}} + A_{\text{Grass}}i^*_{\text{Grass}} + A_{\text{Road}}i^*_{\text{Road}} + A_{\text{Building}}i^*_{\text{Building}} + A_{\text{Water}}i^*_{\text{Water}} + Q \tag{4.20}$$

式中:h_w 为子汇水区的水深;A 为子汇水区的面积;t 为时间;A_{Tree} 为树木的面积;A_{Grass} 为草地的面积;A_{Road} 为道路的面积;A_{Building} 为建筑物的面积;A_{Water} 为水体的面积;i^*_{Tree} 为树木的净雨强度;i^*_{Grass} 为草地的净雨强度;i^*_{Road} 为道路的净雨强度;i^*_{Building} 为建筑物的净雨强度;i^*_{Water} 为水体的净雨强度;Q 为出流量。

不同地物的净雨强度分别由相应地物类型的产流量来确定,即:

$$i^*_{\text{Tree}} = \frac{R_{\text{Tree}}}{\Delta t} \tag{4.21}$$

$$i^*_{\text{Grass}} = \frac{R_{\text{Grass}}}{\Delta t} \tag{4.22}$$

$$i^*_{\text{Road}} = \frac{R_{\text{Road}}}{\Delta t} \tag{4.23}$$

$$i^*_{\text{Building}} = \frac{R_{\text{Building}}}{\Delta t} \tag{4.24}$$

$$i^*_{\text{Water}} = \frac{R_{\text{Water}}}{\Delta t} \tag{4.25}$$

式中:Δt 为时间段。

流量采用曼宁方程进行计算:

$$Q = A_s \times v = A_s \times \frac{1}{n} R^{\frac{2}{3}} S^{\frac{1}{2}} \tag{4.26}$$

式中:A_s 为过水断面面积;v 为断面平均流速;n 为子汇水区地表曼宁糙率系数;R 为子汇水区的水力半径;S 为子汇水区的坡度。

子汇水区的过水断面面积（A_s）和水力半径（R）的计算公式为：

$$A_s = w(h_w - h_p) \tag{4.27}$$

$$R = \frac{(h_w - h_p)w}{2(h_w - h_p) + w} \approx \frac{(h_w - h_p)w}{w} = h_w - h_p \tag{4.28}$$

式中：w 为子汇水区的漫流宽度；h_p 为地表的滞蓄水深。

将式（4.27）和式（4.28）代入到式（4.26），则得到：

$$Q = w \frac{1}{n} (h_w - h_p)^{\frac{5}{3}} S^{\frac{1}{2}} \tag{4.29}$$

由上式可知，累积净雨量小于地表的洼蓄量时，则出流量为零。

联立式（4.20）和式（4.29），可得到一个非线性微分方程：

$$\frac{\mathrm{d}h_w}{\mathrm{d}t} A = (A_{\text{Tree}} i^*_{\text{Tree}} + A_{\text{Grass}} i^*_{\text{Grass}} + A_{\text{Road}} i^*_{\text{Road}} + A_{\text{Building}} i^*_{\text{Building}} + A_{\text{Water}} i^*_{\text{Water}})$$

$$- \frac{w}{n} (h_w - h_p)^{\frac{5}{3}} S^{\frac{1}{2}} \tag{4.30}$$

移项得：

$$\frac{\mathrm{d}h_w}{\mathrm{d}t} = \frac{A_{\text{Tree}} i^*_{\text{Tree}} + A_{\text{Grass}} i^*_{\text{Grass}} + A_{\text{Road}} i^*_{\text{Road}} + A_{\text{Building}} i^*_{\text{Building}} + A_{\text{Water}} i^*_{\text{Water}}}{A}$$

$$- \frac{w}{A \times n} (h_w - h_p)^{\frac{5}{3}} S^{\frac{1}{2}} \tag{4.31}$$

对于每个时间步长，用有限差分进行求解方程式（4.31），由于净流入量和净流出量必须在每个时间步长内进行平均，则设 Δt 时段内初始水深值 h_{w1}，终止水深值 h_{w2}，则：

$$\frac{h_{w2} - h_{w1}}{\Delta t} = \frac{(A_{\text{Tree}} i^*_{\text{Tree}} + A_{\text{Grass}} i^*_{\text{Grass}} + A_{\text{Road}} i^*_{\text{Road}} + A_{\text{Building}} i^*_{\text{Building}} + A_{\text{Water}} i^*_{\text{Water}})}{A}$$

$$- \frac{wS^{\frac{1}{2}}}{An} \left[h_{w1} + \frac{1}{2}(h_{w2} - h_{w1}) - h_p \right]^{\frac{5}{3}} \tag{4.32}$$

用 Newton-Raphson 迭代法解式（4.32）可得：

$$F = \Delta h - \Delta t (K \bar{h}^{\frac{5}{3}} + R_{\text{net}}) \tag{4.33}$$

式中：F 为 Newton 函数；$K = -\dfrac{wS^{\frac{1}{2}}}{An}$；$\bar{h} = h_{w1} + \dfrac{1}{2}(h_{w2} - h_{w1}) - h_p$；

$$R_{\text{net}} = \frac{(A_{\text{Tree}} i^*_{\text{Tree}} + A_{\text{Grass}} i^*_{\text{Grass}} + A_{\text{Road}} i^*_{\text{Road}} + A_{\text{Building}} i^*_{\text{Building}} + A_{\text{Water}} i^*_{\text{Water}})}{A}。$$

对式（4.33）微分可得：

$$\frac{dF}{d(\Delta h)} = 1 - \Delta t \frac{5}{6} K \overline{d}^{\frac{2}{3}} \tag{4.34}$$

Newton-Raphson 迭代法可求得 Δh 的递推过程：

$$(\Delta h)_{n+1} = (\Delta h)_n - \frac{F_n}{dF_n/d(\Delta h)} \tag{4.35}$$

由上式求解可得到下垫面子汇水区的雨水深度 h_{w2}。

4.1.1.3 下垫面子汇水区的地表产流计算

基于 4.1.1.1 节和 4.1.1.2 节，将两者的计算理论相结合，可计算不同覆盖类型栅格的下垫面子汇水区的地表产流，计算流程如图 4.1 所示。

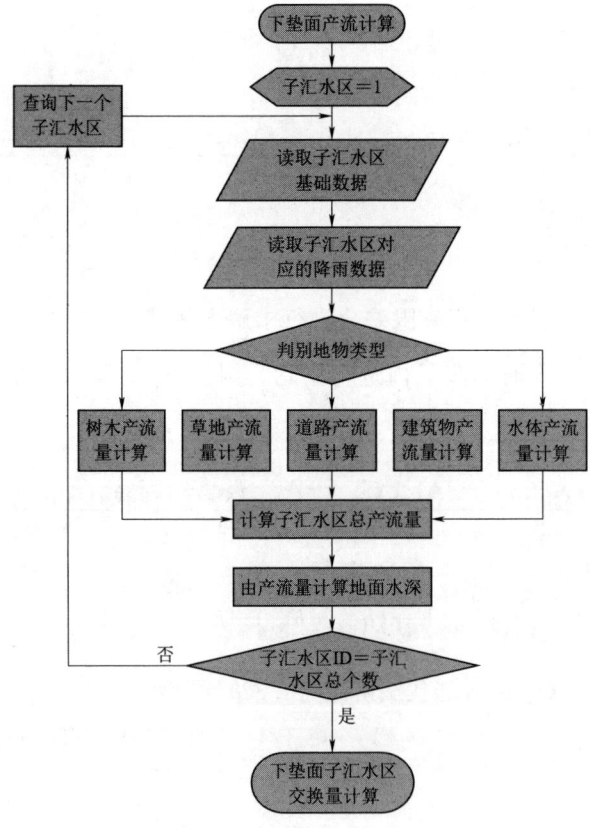

图 4.1 下垫面子汇水区产流计算流程图

4.1.2 考虑相邻子汇水区水量交换的地表汇流计算模型

4.1.2.1 相邻子汇水区的水量交换计算

本节着重考虑相邻子汇水区之间雨水交换量问题。由于无人机影像的DEM分辨率高达2.5m×2.5m，依据交界面的地面高程差进行判别，如果交界面高程差小于等于0.05m时，相邻子汇水区的雨水交换量以平流连接型进行计算，如果交界面高程差大于0.05m时，相邻子汇水区的雨水交换量以堰流连接型进行计算。

1. 平流连接型

当子汇水i区与其相邻子汇水k区为平流连接型时，子汇水区之间的流量交换依据曼宁公式进行计算。就子汇水i区而言，从子汇水k区的流到子汇水i区的流量计算，采用曼宁公式进行求解，即：

$$\begin{cases} Q_{i,k} = \dfrac{A(H_{i,k})R(H_{i,k})^{\frac{2}{3}}(|H_{wk}-H_{wi}|)^{\frac{1}{2}}}{n\sqrt{\Delta x}} & \dfrac{\partial Q_{i,k}}{\partial H_{wi}} > 0 \\ Q_{i,k} = \dfrac{H_{wk}-H_{wi}}{|H_{wk}-H_{wi}|} \cdot \dfrac{A(H_{i,k})R(H_{i,k})^{\frac{2}{3}}(|H_{wk}-H_{wi}|)^{\frac{1}{2}}}{n\sqrt{\Delta x}} & \dfrac{\partial Q_{i,k}}{\partial H_{wi}} \leqslant 0 \end{cases} \quad (4.36)$$

式中：$H_{i,k}$为子汇水区i与子汇水区k交界处的水位，取两子汇水区的平均值；$A(H_{i,k})$为两子汇水区交界处的过水面积；$R(H_{i,k})$为两子汇水区交界处的水力半径；n为糙率系数，取两子汇水区的平均值；Δx为两子汇水区的中心距。

2. 堰流连接型

当子汇水i区与相邻子汇水k区为堰流连接型时，子汇水区之间的流量交换依据堰流公式进行计算。在采用堰流公式进行之前，应判断两个子汇水区之间水深的关系，以辨别雨水流态是自由堰流还是淹没堰流，如图4.2所示。

假设子汇水i区的水位H_{wi}大于子汇水k区的水位H_{wk}，则两种形式的堰流判别和计算公式为：

当$H_{wi}-H_{wk} < \dfrac{2}{3}(H_{wk}-z)$，子汇水区交界处为自由堰流，其计算公式为：

$$Q_{i,k} = \mu_1 b \sqrt{2g}(H_{wk}-z)^{\frac{3}{2}} \quad (4.37)$$

当$H_{wi}-H_{wk} \geqslant \dfrac{2}{3}(H_{wk}-z)$，子汇水区交界处为淹没出流，其计算公

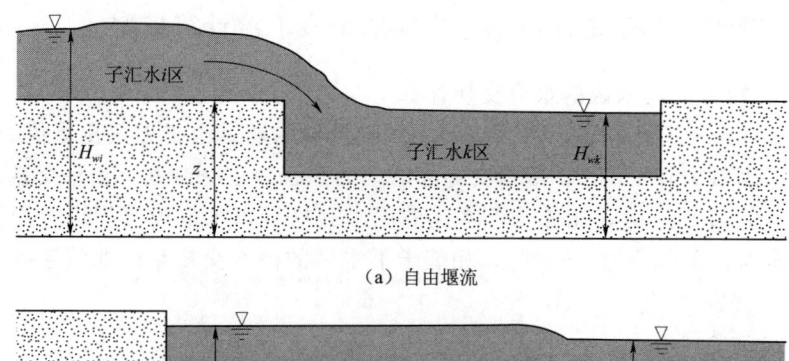

(a) 自由堰流

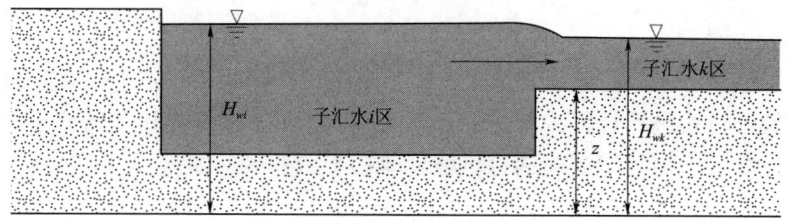

(b) 淹没堰流

图 4.2 连接型示意图

式为：

$$Q_{i,k} = \mu_2 b \sqrt{2g}(H_{wi}-z)(H_{wk}-H_{wi})^{\frac{1}{2}} \tag{4.38}$$

式中：z 为交界处地面高程，视为堰顶高程；b 为交界处的有效宽度；μ_1 为自由堰流的堰流系数，$\mu_1=0.36\sim0.57$；μ_2 为淹没出流的堰流系数，$\mu_2=2.598\mu_1$。

由上可得，考虑相邻子汇水区之间雨水交换量的计算，首先依据交界面的地面高程差可分为平流型和堰流型，其次根据淹没度的大小分为自由堰流和淹没堰流，计算流程如图 4.3 所示。

4.1.2.2 水量交换后的子汇水区水位计算

雨水量交换后，任意相邻子汇水区之间的雨水满足水流连续性方程，以子汇水区 i 和相邻的子汇水区 k 为研究对象，建立连续性方程为：

$$\frac{dH_{wi}}{dt}A_i = (A_{\text{Tree}}i^*_{\text{Tree}} + A_{\text{Grass}}i^*_{\text{Grass}} + A_{\text{Road}}i^*_{\text{Road}} + A_{\text{Building}}i^*_{\text{Building}} + A_{\text{Water}}i^*_{\text{Water}} + \sum Q_{i,k} \tag{4.39}$$

式中：t 为时间；H_{wi} 为子汇水区水位；A_i 为子汇水区 i 面积；$Q_{i,k}$ 为子汇水区 i 与自汇水区 k 之间的交换量规定当雨水由子汇水区 k 流向子汇水区 i 时，$Q_{i,k}$ 为正值，当雨水从子汇水区 i 流向子汇水区 k 时，$Q_{i,k}$ 为负值。

地表产汇流模型研究 | 4.1

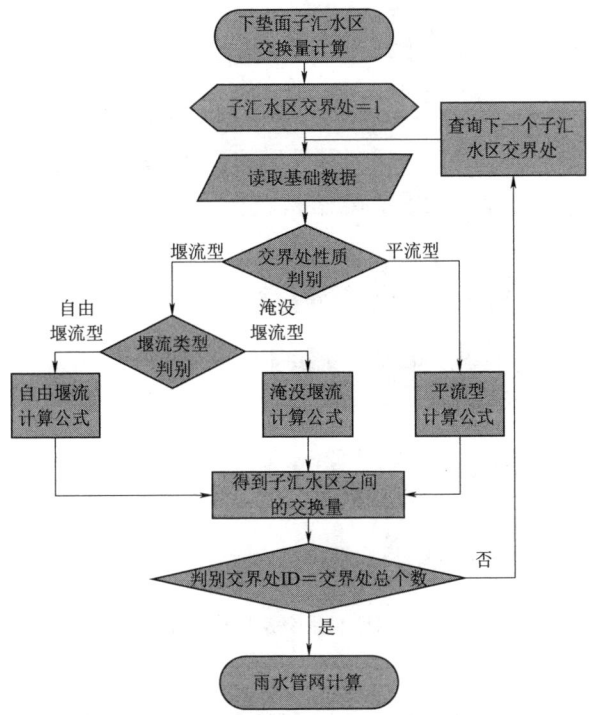

图 4.3 下垫面子汇水区交换量计算流程图

采用显示差分对式（4.39）进行离散得：

$$\Delta H_{wi} = [(A_{\text{Tree}} i^*_{\text{Tree}} + A_{\text{Grass}} i^*_{\text{Grass}} + A_{\text{Road}} i^*_{\text{Road}} + A_{\text{Building}} i^*_{\text{Building}} + A_{\text{Water}} i^*_{\text{Water}}) + \sum Q_{i,k}] \frac{\Delta t}{A_i}$$
(4.40)

式中：ΔH_{wi} 为时刻 t^n 到时刻 t^{m+1} ($t^{n+1} = t^n + \Delta t$) 子汇水区 i 的水位增量。此处的水位增量用于计算 t^{n+1} 时刻 i 子汇水区水位 H_{wi}^{n+1} 和水深 h_{wi}^{n+1}：

$$H_{wi}^{n+1} = H_{wi}^n + \Delta H_{wi} \quad (4.41)$$

$$h_{wi}^{n+1} = H_{wi}^{n+1} - z_i \quad (4.42)$$

式中：z_i 为子汇水区 i 的地面高程。

4.1.2.3 相邻子汇水区水量交换后的地表水位计算

基于 4.1.2.1 节和 4.1.2.2 节，将两者的计算理论相结合，可计算考虑相邻子汇水区水量交换后的地表水位或淹没水深，计算流程如图 4.4 所示。

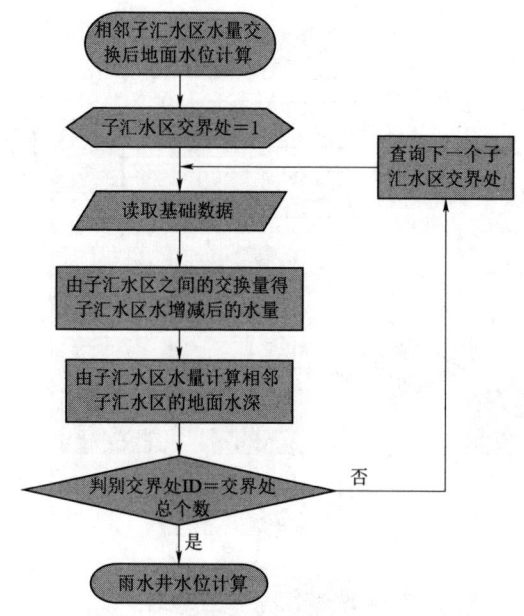

图 4.4　相邻子汇水区水量交换后地表水位计算流程图

4.2　地上地下双层耦合计算方法研究

在降雨过程中，地面各个子汇水区的雨水通过雨水箅子先流入雨水井再汇聚到雨水管网；当雨水管网的排水能力不足时，雨水管网中的雨水通过雨水井和雨水箅子溢流到地面。可见雨水箅子、雨水井在城市地表产汇流模型和雨水管网明满流数值模型的耦合中起着至关重要的作用，通常采用雨水井耦合地上地下双层模型，本书本着真实重现的原则，提出雨水箅子-雨水井相耦合的方式构建地上地下双层排水模型。其中，雨水箅子-雨水井耦合示意图如图4.5所示。

4.2.1　雨水箅子-雨水井耦合的地上地下水量交换量计算方法

通常情况下，雨水从雨水箅子流向雨水管网，但是当发生短时强降雨，雨水管网排水能力不足时，雨水则从雨水箅子溢出，甚至雨水将雨水井盖顶起，通过雨水井向外溢流。本书将子汇水区与雨水管网之间交换量的变化过程分为以下三种情况。

1. 雨水箅子、雨水井均未溢流

子汇水区与雨水管网之间的水量交换取决于雨水井的压力水头，当雨水井内水量未达到最大蓄水量时，如图 4.6（a）所示，随着雨水井内水深不断增加，使得水井内的压力水头不断增加，直至达到雨水井井盖的底部，如图 4.6（b）所示。

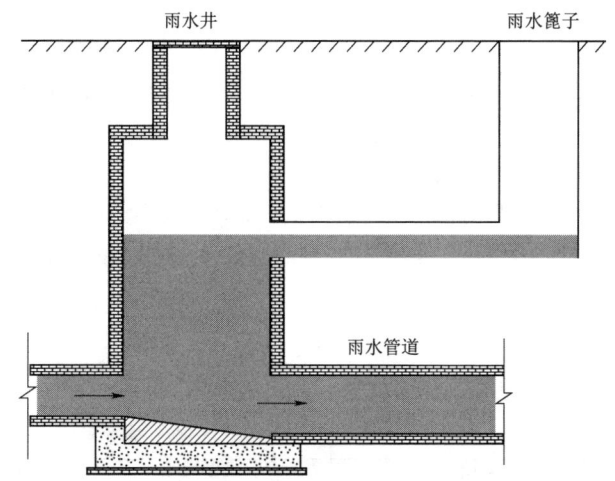

图 4.5　雨水箅子-雨水井耦合示意图

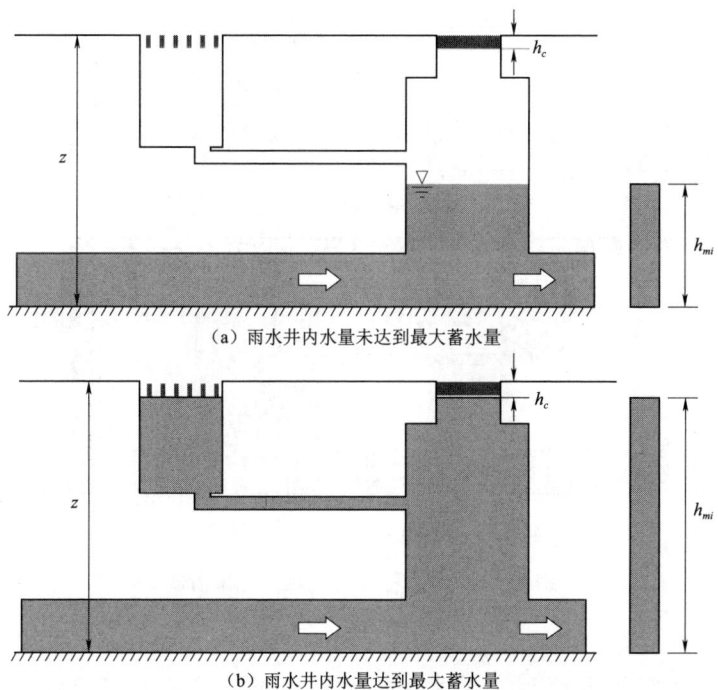

(a) 雨水井内水量未达到最大蓄水量

(b) 雨水井内水量达到最大蓄水量

图 4.6　雨水箅子、雨水井均未溢流

由上可得，雨水井压力水头小于地面高程，即 $h_{mi}<z$，雨水从子汇水区通过雨水箅子流入雨水管网，则将雨水箅子所在的地面视为堰顶，其交换量 Q_m 可采用侧堰流公式进行求解：

$$Q_m = c_w L h_w \sqrt{2gh_w} \tag{4.43}$$

式中：L 为雨水箅子的周长；h_w 为子汇水区的水深；c_w 为堰流量系数，取值为 0.544。

2. 雨水箅子溢流、雨水井未溢流

雨水井压力水头随着雨水入流量的增加而增加，当雨水井压力水头达到雨水井盖的顶部时，即 $h_{mi}=z$，如图 4.7（a）所示，此时的压力水头不足以抬起雨水井井盖，但是通过雨水箅子有溢流量产生，且溢流量会引起子汇水区水深变化；当雨水井内压力水头持续增加，即 $h_{mi}>z$，如图 4.7（b）所示，在此过程中，雨水通过雨水箅子从雨水管网溢流到地面的子汇水区中。

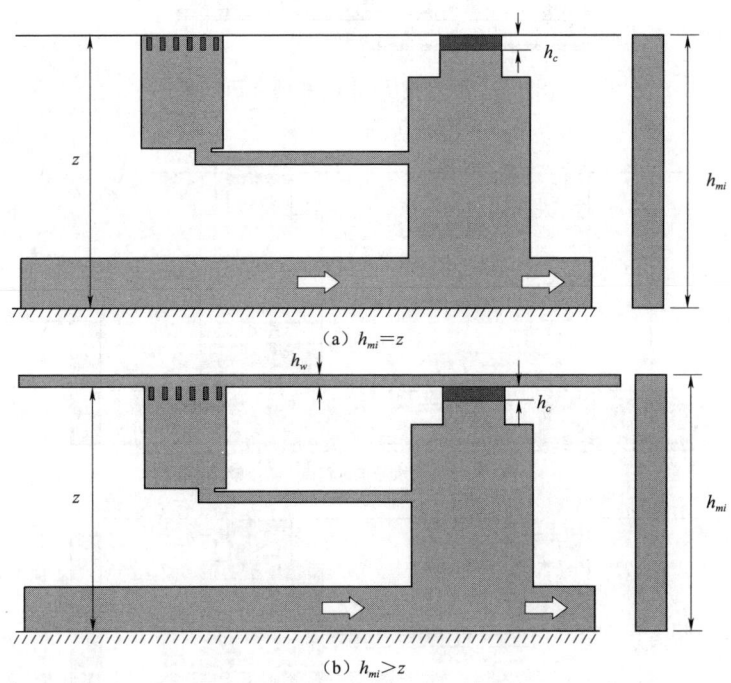

图 4.7 雨水箅子溢流、雨水井未溢流

由上可知，雨水井压力水头大于等于地面高程，即 $h_{mi} \geqslant z$，雨水从雨水管网通过雨水箅子溢流到子汇水区，其交换量可采用孔口出流的方法进行计算：

$$Q_m = -c_o A_b \sqrt{2g(h_{mi} - z - h_w)} \qquad (4.44)$$

式中：A_b 为雨水箅子的截面积；c_o 为孔口出流流量系数，通常方形雨水箅子取 $0.598 \sim 0.648$。

当雨水井内的压力水头达到 $(h_w + z + h_{ce} - h_c)$ 时，其压力将雨水井盖抬起，如图 4.8（a）所示。当雨水井盖被抬起 h_y，除了来自雨水箅子的溢流量，在雨水井盖与抬起的空隙处也有溢流量产生，如图 4.8（b）所示。

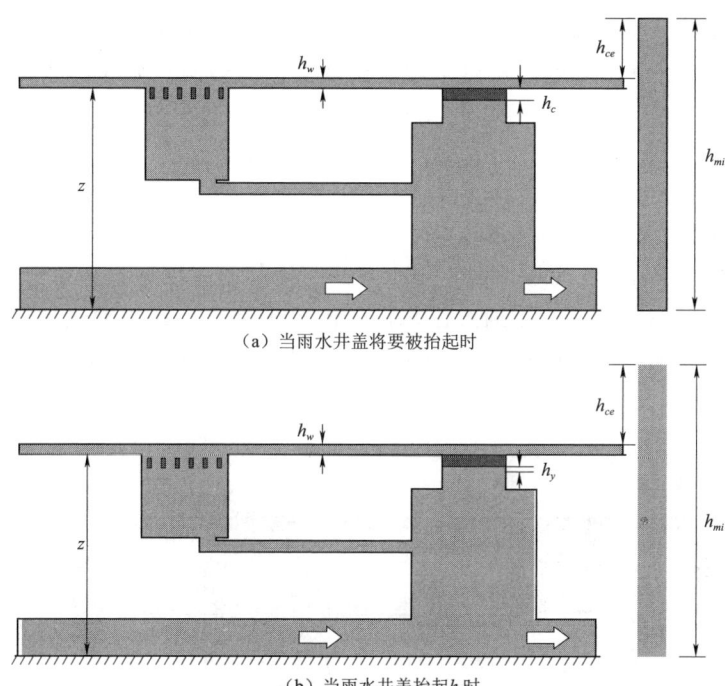

（a）当雨水井盖将要被抬起时

（b）当雨水井盖抬起 h_y 时

图 4.8 雨水箅子溢流、雨水井未溢流

将雨水井盖厚度用 h_c 表示，雨水井盖的等效水头用 h_{ce} 表示，则

$$h_{ce} = \frac{W_c}{\rho_w g A_c} \qquad (4.45)$$

式中：ρ_w 为水的密度；g 为重力加速度；A_c 为雨水井盖的面积；W_c 为雨水井盖的重量。

则雨水井井盖被抬起的高度为：

$$h_y = h_{mi} - h_{ce} - h_w - (z - h_c) \qquad (4.46)$$

由于 $0 < h_y \leqslant h_c$，则：

$$h_{ce}+h_w+(z-h_c)<h_{mi}\leqslant h_{ce}+h_w+z \tag{4.47}$$

即当雨水井压力水头的范围如式（4.47）时，雨水井开始发生溢流。则雨水从雨水管网溢流到子汇水区的溢流量计算均采用孔口出流的方法，其计算公式如下：

$$Q_m=-c_o(A_b+A_g)\sqrt{2g(h_{mi}-z-h_w)} \tag{4.48}$$

式中：A_g 为空隙处的面积，由于其面积很小，通常可忽略不计。

综上所述，当 $z\leqslant h_{mi}\leqslant h_{ce}+h_w+z$ 时，由于雨水井的溢流量较小，则忽略不计。本书此阶段仅考虑雨水篦子溢流到地面的溢流量，则子汇水区与雨水管网交换量为：

$$Q_m=-c_oA_b\sqrt{2g(h_{mi}-z-h_w)} \tag{4.49}$$

3. 雨水篦子、雨水井均溢流

当雨水井压力水头足够大时，雨水井井盖抬起的高度超过雨水井盖的厚度，即 $h_y>h_c$。此时，雨水除了通过雨水篦子溢流到地面，还可通过地面与雨水井盖之间的空隙（h_y-h_c）溢流到地面的子汇水区，如图 4.9 所示。

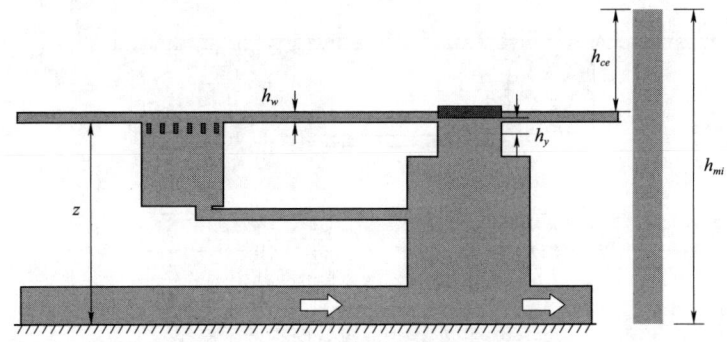

图 4.9　雨水篦子、雨水井均溢流

由图 4.9 可知：

$$h_y=h_{mi}-h_{ce}-h_w-(z-h_c) \tag{4.50}$$

则由于 $h_y>h_c$，可得到：

$$h_{mi}>h_{ce}+h_w+z \tag{4.51}$$

即当雨水井压力水头的范围如式（4.51），雨水则通过雨水篦子和雨水井同时向子汇水区溢流，则子汇水区与雨水管网之间的交换量均采用孔口出流的方法进行计算，其计算公式为：

$$Q_m = -c_o[A_b + B_c(h_y - h_c)]\sqrt{2g(h_{mi} - z - h_w)} \quad (4.52)$$

式中：B_c 为雨水井井盖的周长；$B_c(h_y - h_c)$ 为雨水出流横截面面积。

综上可知，依据雨水井的压力水头判别计算子汇水区与雨水管网之间的交换量，计算流程如图 4.10 所示。

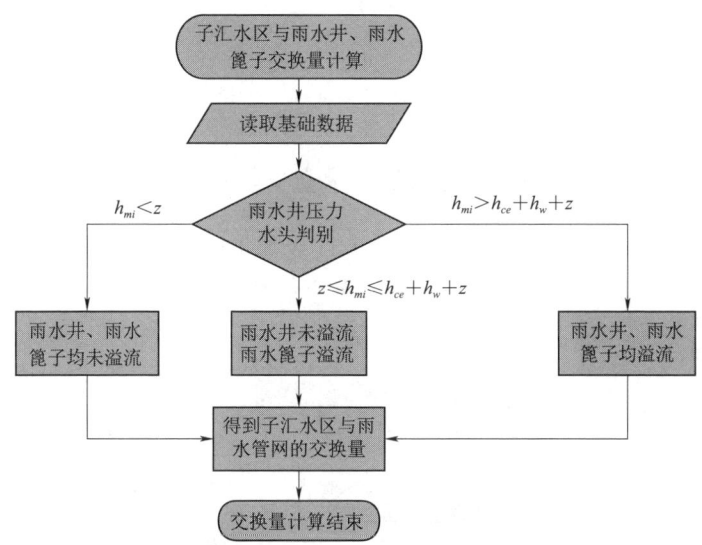

图 4.10 子汇水区与雨水井、雨水篦子交换量计算流程图

4.2.2 雨水篦子-雨水井耦合的地面水位计算方法

雨水量交换后，任意相邻子汇水区之间的雨水仍满足水流连续性方程，则以子汇水区 i 和相邻的子汇水区 k 为研究对象，建立连续性方程为：

$$\frac{dH_{wi}}{dt}A_i = A_{Perv}i^*_{Perv} + A_{Imperv}i^*_{Imperv} + \sum Q_{i,k} - Q_{mi} \quad (4.53)$$

式中：t 为时间；H_{wi} 为子汇水区水位；A_i 为子汇水区 i 面积；A_{Perv} 为透水区面积；A_{Imperv} 为不透水区面积；i^*_{Perv} 为透水区净雨强度；i^*_{Imperv} 为不透水区净雨强度；$Q_{i,k}$ 为子汇水区 i 与自汇水区 k 之间的交换量；Q_{mi} 为子汇水区 i 与相应雨水管网的交换量。规定当雨水由子汇水区 k 流向子汇水区 i 时，$Q_{i,k}$ 为正值，当雨水从子汇水区 i 流向子汇水区 k 时，$Q_{i,k}$ 为负值；当雨水从子汇水区 i 流入雨水管网时，Q_{mi} 为正值；当雨水从雨水管网溢流到子汇水区 i 时，Q_{mi} 为负值。

采用显示差分对式（4.53）进行离散，得：

$$\Delta H_{wi} = (A_{\text{Perv}} i^*_{\text{Perv}} + A_{\text{Imperv}} i^*_{\text{Imperv}} + \sum Q_{i,k} - Q_{mi}) \frac{\Delta t}{A_i} \quad (4.54)$$

式中：ΔH_{wi} 为由 t^n 到 t^{m+1}（$t^{n+1}=t^n+\Delta t$）时刻子汇水区 i 的水位增量，此处的水位增量用于计算 t^{n+1} 时刻 i 子汇水区水位 H^{n+1}_{wi} 和水深 h^{n+1}_{wi}：

$$H^{n+1}_{wi} = H^n_{wi} + \Delta H_{wi} \quad (4.55)$$

$$h^{n+1}_{wi} = H^{n+1}_{wi} - z_i \quad (4.56)$$

式中：z_i 为子汇水区 i 的地面高程。

4.2.3 子汇水区与雨水井-雨水篦子水量交换后地面水位或淹没水深计算

基于 4.2.1 节和 4.2.2 节，将两者的计算理论相结合，可进行图 4.11 适用于子汇水区与雨水井、雨水篦子水量交换后的地面水位和淹没水深计算，计算流程如图 4.11 所示。

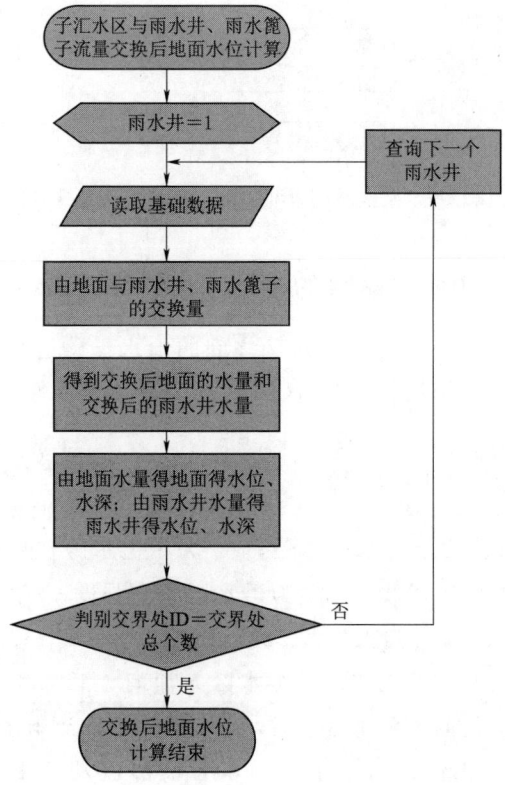

图 4.11 下垫面子汇水区水位计算流程图

4.3 模型验证

4.3.1 建立基础数据库

通常情况下研究区域离散借助于道路或雨水管网，为了分析地上地下不同耦合方式的数值计算结果，研究区域子汇水区划分依据 ArcGIS 中的泰森多边形工具以雨水井或雨水篦子为中心对研究区域进行离散，保证每个雨水井或雨水篦子均可对应一个子汇水区，划分结果如图 4.12 所示。

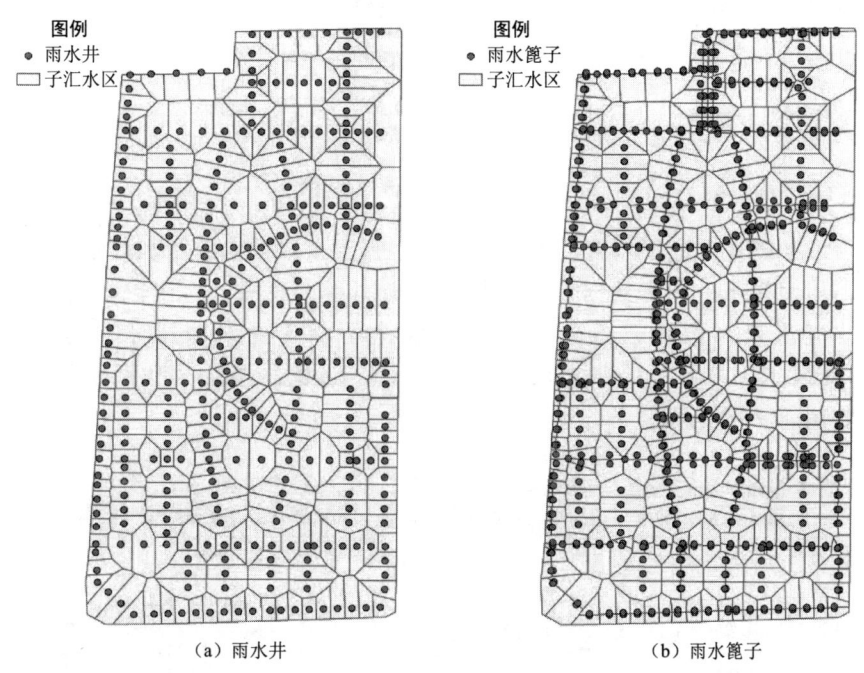

(a) 雨水井　　　　　　　　　　　(b) 雨水篦子

图 4.12　研究区域以雨水井/雨水篦子为中心的子汇水区划分示意图

研究区域以雨水井为中心离散后子汇水区个数 319 个、子汇水区面积范围是 $1599.61\sim24489.22m^2$、子汇水区平均面积是 $6481.32m^2$；以雨水篦子为中心离散后子汇水区个数 618 个、子汇水区面积范围是 $230.45\sim16828.98m^2$、子汇水区平均面积是 $3431.10m^2$。每一个子汇水区依据坡度都能正确辨别水流的流向，把每个子汇水区的水面均视为水平，以子汇水区中心的水位代表该子汇水区的水位。

以第 2 章获取的下垫面覆盖类型、DEM、坡度、坡向等为基础数据，采用 ArcGIS 统计离散后子汇水区面积、不同地物类型的面积、不透水区面积、透水区面积、水体面积、雨水箅子的地面高程、雨水井的地面高程、子汇水区的宽度、相交子汇水区的中心距及交线长度等参数，如图 4.13 所示。

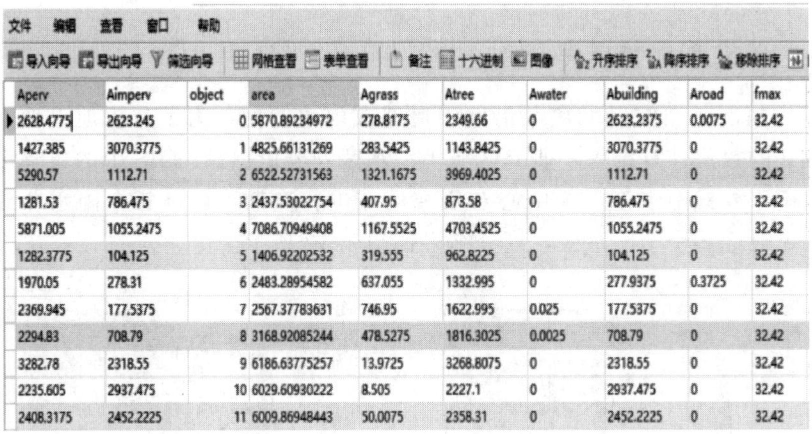

Aperv	Aimperv	object	area	Agrass	Atree	Awater	Abuilding	Aroad	fmax
2628.4775	2623.245	0	5870.89234972	278.8175	2349.66	0	2623.2375	0.0075	32.42
1427.385	3070.3775	1	4825.66131269	283.5425	1143.8425	0	3070.3775	0	32.42
5290.57	1112.71	2	6522.52731563	1321.1675	3969.4025	0	1112.71	0	32.42
1281.53	786.475	3	2437.53022754	407.95	873.58	0	786.475	0	32.42
5871.005	1055.2475	4	7086.70949408	1167.5525	4703.4525	0	1055.2475	0	32.42
1282.3775	104.125	5	1406.92202532	319.555	962.8225	0	104.125	0	32.42
1970.05	278.31	6	2483.28954582	637.055	1332.995	0	277.9375	0.3725	32.42
2369.945	177.5375	7	2567.37783631	746.95	1622.995	0.025	177.5375	0	32.42
2294.83	708.79	8	3168.92085244	478.5275	1816.3025	0.0025	708.79	0	32.42
3282.78	2318.55	9	6186.63775257	13.9725	3268.8075	0	2318.55	0	32.42
2235.605	2937.475	10	6029.60930222	8.505	2227.1	0	2937.475	0	32.42
2408.3175	2452.2225	11	6009.86948443	50.0075	2358.31	0	2452.2225	0	32.42

图 4.13　地表产汇流计算参数

为了计算地上地下耦合后的地面水深，需要获取雨水箅子和雨水井的基本数据，雨水箅子的基本数据包括坐标、地面高程、面积、周长、堰流量系数、孔口出流流量系数等，还需统计与雨水箅子相连的对应雨水井编号，如图 4.14 所示。雨水井的基本数据包括坐标、面积、周长、地面高程、埋深等，如图 4.15 所示。

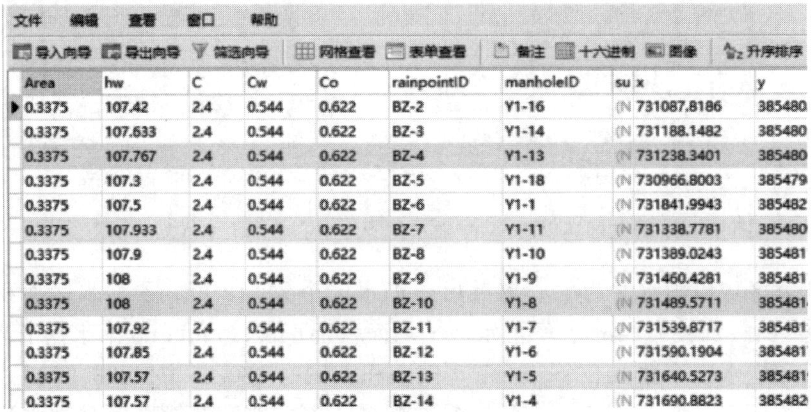

Area	hw	C	Cw	Co	rainpointID	manholeID	su x	y
0.3375	107.42	2.4	0.544	0.622	BZ-2	Y1-16	(N 731087.8186	385480
0.3375	107.633	2.4	0.544	0.622	BZ-3	Y1-14	(N 731188.1482	385480
0.3375	107.767	2.4	0.544	0.622	BZ-4	Y1-13	(N 731238.3401	385480
0.3375	107.3	2.4	0.544	0.622	BZ-5	Y1-18	(N 730966.8003	385479
0.3375	107.5	2.4	0.544	0.622	BZ-6	Y1-1	(N 731841.9943	385482
0.3375	107.933	2.4	0.544	0.622	BZ-7	Y1-11	(N 731338.7781	385480
0.3375	107.9	2.4	0.544	0.622	BZ-8	Y1-10	(N 731389.0243	385481
0.3375	108	2.4	0.544	0.622	BZ-9	Y1-9	(N 731460.4281	385481
0.3375	108	2.4	0.544	0.622	BZ-10	Y1-8	(N 731489.5711	385481
0.3375	107.92	2.4	0.544	0.622	BZ-11	Y1-7	(N 731539.8717	385481
0.3375	107.85	2.4	0.544	0.622	BZ-12	Y1-6	(N 731590.1904	385481
0.3375	107.57	2.4	0.544	0.622	BZ-13	Y1-5	(N 731640.5273	385481
0.3375	107.57	2.4	0.544	0.622	BZ-14	Y1-4	(N 731690.8823	385482

图 4.14　地上地下耦合计算所需雨水箅子参数

除此之外，还需要获取雨水管网的基本数据，如管道的长度、直径、糙率、坡度、起始相连的雨水井编号等，如图 4.16 所示。

manholeID	hw	x	y	depth	hp	Area	C
Y1-12	107.9	731287.4058	3854811.214	3.225	1.25	0.38465	2.198
Y1-16	107.42	731086.6769	3854805.025	3.045	1.25	0.38465	2.198
Y1-14	107.633	731187.0052	3854808.119	3.108	1.25	0.38465	2.198
Y1-13	107.767	731237.1964	3854809.666	3.167	1.25	0.38465	2.198
Y1-18	107.3	730965.6599	3854801.291	3.106	1.25	0.38465	2.198
Y1-1	107.5	731840.9051	3854828.259	1.9	1.25	0.38465	2.198
Y1-11	107.933	731337.6332	3854812.762	3.083	1.25	0.38465	2.198
Y1-10	107.9	731387.8787	3854814.311	2.975	1.25	0.38465	2.198
Y1-9	108	731449.908	3854816.724	2.982	1.25	0.38465	2.198
Y1-8	108	731488.4242	3854817.408	2.925	1.25	0.38465	2.198
Y1-7	107.92	731538.7241	3854818.957	2.77	1.25	0.38465	2.198
Y1-6	107.85	731589.0422	3854820.507	2.625	1.25	0.38465	2.198

图 4.15 地上地下耦合计算所需雨水井参数

pipeID	n	start	end	L	s0	dp
YSG-1	0.015	Y1-12	Y1-13	50.2331513181	0.0015	0.7
YSG-2	0.015	Y1-16	Y1-17	50.1610516716	0.0015	0.7
YSG-3	0.015	Y1-14	Y1-15	50.1971499263	0.0015	0.7
YSG-4	0.015	Y1-13	Y1-14	50.2151506216	0.0015	0.7
YSG-5	0.015	Y1-18	Y1-19	60.144069693	0.0015	0.7
YSG-6	0.015	Y1-1	Y1-2	50.4328551839	0.0015	0.63
YSG-7	0.015	Y1-11	Y1-12	50.2513519208	0.0015	0.63
YSG-8	0.015	Y1-10	Y1-11	50.2693526199	0.0015	0.63
YSG-9	0.015	Y1-9	Y1-10	62.0762201656	0.0015	0.63
YSG-10	0.015	Y1-8	Y1-9	38.5219801694	0.0015	0.63
YSG-11	0.015	Y1-7	Y1-8	50.3240513147	0.0015	0.63
YSG-12	0.015	Y1-6	Y1-7	50.3418551918	0.0015	0.63
YSG-13	0.015	Y1-5	Y1-6	50.3601496001	0.0015	0.63
YSG-14	0.015	Y1-4	Y1-5	50.3782533383	0.0015	0.63

图 4.16 管网汇流计算参数

4.3.2 数值计算结果分析

降雨数据采用具有代表性的短时强降雨。本书选用该日的降雨量作为水量边界条件，其降雨数据如图 4.17 所示。

研究不同地上地下耦合方式对城市雨洪模型模拟结果的影响，要尽量减少不必要物理参数的影响，除使用统一的降雨数据外，模型参数也尽量保持一致。模型参数中不渗透性洼地蓄水量通常为 1.27~2.53mm，渗透性洼地蓄水量通常为 2.52~7.62mm，本书中结合前人的研究成果[140] 和本书研究区域的具体情

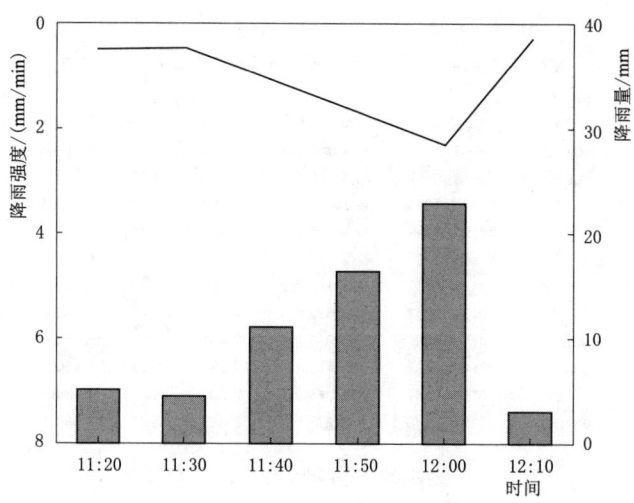

图 4.17 采用的降雨数据示意图

况,将不渗透性洼地蓄水量设为 2mm,渗透性洼地蓄水量设为 7mm;子汇水区的不渗透性根据每一个子汇水区的土地利用类型的不透水性系数进行计算,本书将不渗透性粗糙系数设为 0.01、渗透性粗糙系数设为 0.1、不渗透性洼地蓄水和渗透性洼地蓄水设为 0.05mm;不渗透性区域的曼宁系数的取值范围是 0.01~0.03,渗透性区域曼宁系数的取值范围是 0.1~0.3,本书将两者分别设为 0.02 和 0.2;雨水管网的曼宁系数设为 0.015,并将终点埋深作为管道的最大深度。

无论是以雨水井为中心的子汇水区产汇流计算,还是以雨水篦子为中心的子汇水区的产汇流计算,在地表产流计算中均基于不同覆盖类型栅格进行计算,在地表汇流计算中均考虑相邻子汇水区的水量交换,通过地表产汇流计算得到每个子汇水区的累积产流量,如图 4.18 所示。

由图 4.18 可知,以雨水井为中心划分的子汇水的径流累积量分布范围与以雨水篦子为中心划分的子汇水区的径流累积量不仅总量是相同的,而且径流累积量的分布范围是相似的,这是由于两者采用的下垫面数据及模型参数是相同的;但是两者也存在一定的差别,如两者子汇水区的径流累积量最大值与最小值相差很大,且径流累积量值域分布上也存在差异,这是由于雨水井与雨水篦子的数量、位置不同引起的。总体来说,子汇水区径流累积量的分布图与 DEM 及下垫面的地物类型分布是吻合的。

城市雨洪模型在地上地下耦合计算水量交换时,通常采用雨水井耦合的方式,认为雨水直接流入雨水井,然后通过雨水井流入雨水管网。为了探讨本书中提出的雨水篦子-雨水井相耦合方式,分别对雨水井耦合方式和雨水篦子-雨

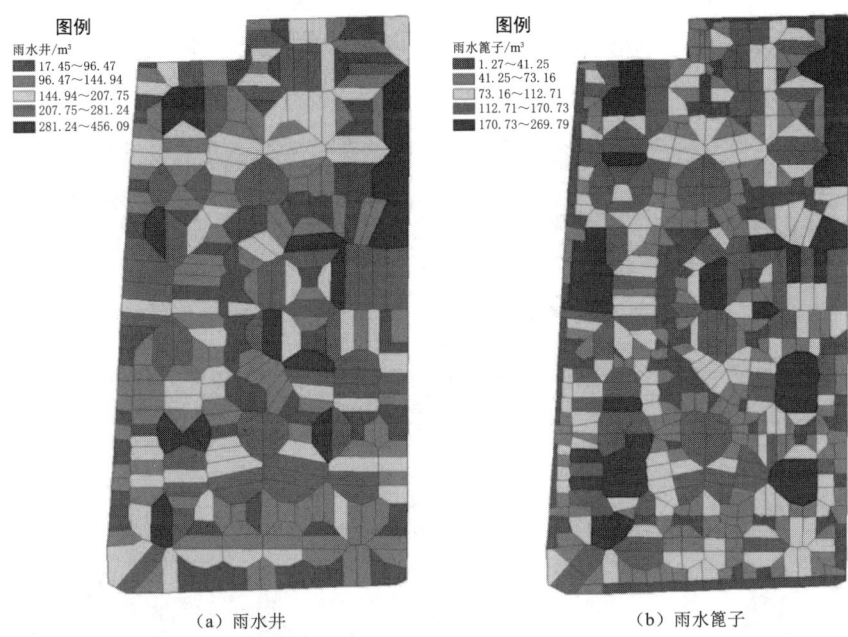

图 4.18 以雨水井/雨水箅子为中心划分的子汇水区径流累积量对比图

水井耦合方式进行数值计算,得到排水口流量过程线,如图 4.19 所示。

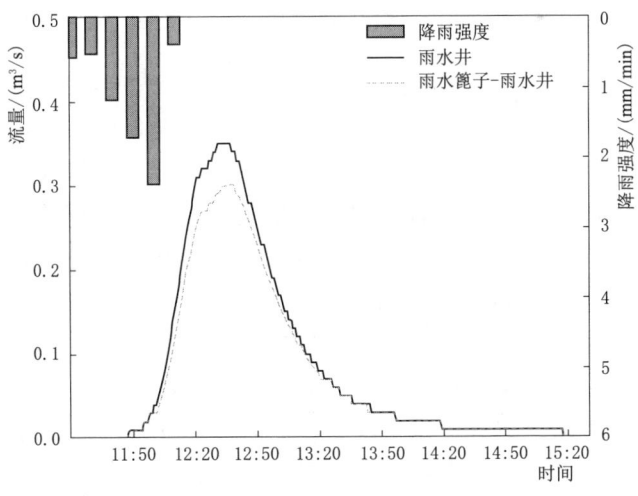

图 4.19 排水口流量过程线对比图

在 2018 年 8 月 1 日中午,郑州市高新区短时集中强降雨导致部分路段排水不畅、积水严重,汽车在水中熄火,行人在疾风骤雨后更是寸步难行,如

图 4.20 所示。为与实际做对比，不同耦合方式下地面的淹没水深变化，本书在选用不同耦合方式下淹没的水深变化时，分别选择 11 时 50 分与 12 时 10 分两个时间点的淹没水深进行对比分析，如图 4.21 所示。

图 4.20　2018 年 8 月 1 日短时强降雨高新区及研究区域的淹没水深

由图 4.19 可知，11 时 50 分，雨水井耦合方式下的淹没水深最小值是 0.113m、最大值是 0.256m、平均水深为 0.193m；雨水篦子-雨水井耦合方式下的淹没水深最小值是 0.097m、最大值是 0.375m、平均水深为 0.189m；12 时 10 分，雨水井耦合方式下的淹没水深最小值是 0.254m、最大值是 0.469m、平均水深为 0.354m；雨水篦子-雨水井耦合方式下的淹没水深最小值是 0.211m、最大值是 0.63、平均水深为 0.353m。

由上可知，首先，同一降雨条件下，不同耦合方式计算的淹没水深的平均水深相差不大，且随着降雨强度的变化而变化，这是因为研究区域虽然采用不同的耦合方式计算淹没水深，但是地表产汇流的计算方法、管网汇流的计算方法及参数配置是相同的；其次，不同时刻，两种耦合方式下淹没水深的最小值相差不大，且相差值随着降雨强度的增加而缩小，淹没水深的最大值却相差很大，且相差值随着降雨强度的增加而增大，这是因为对于溢流量小的子汇水区，无论用哪一种耦合方式，可能仅需要一个溢流口就满足了需求，但是对于溢流量大的子汇水区则刚好相反，溢流量大时，采用雨水篦子-雨水井耦合方式计算

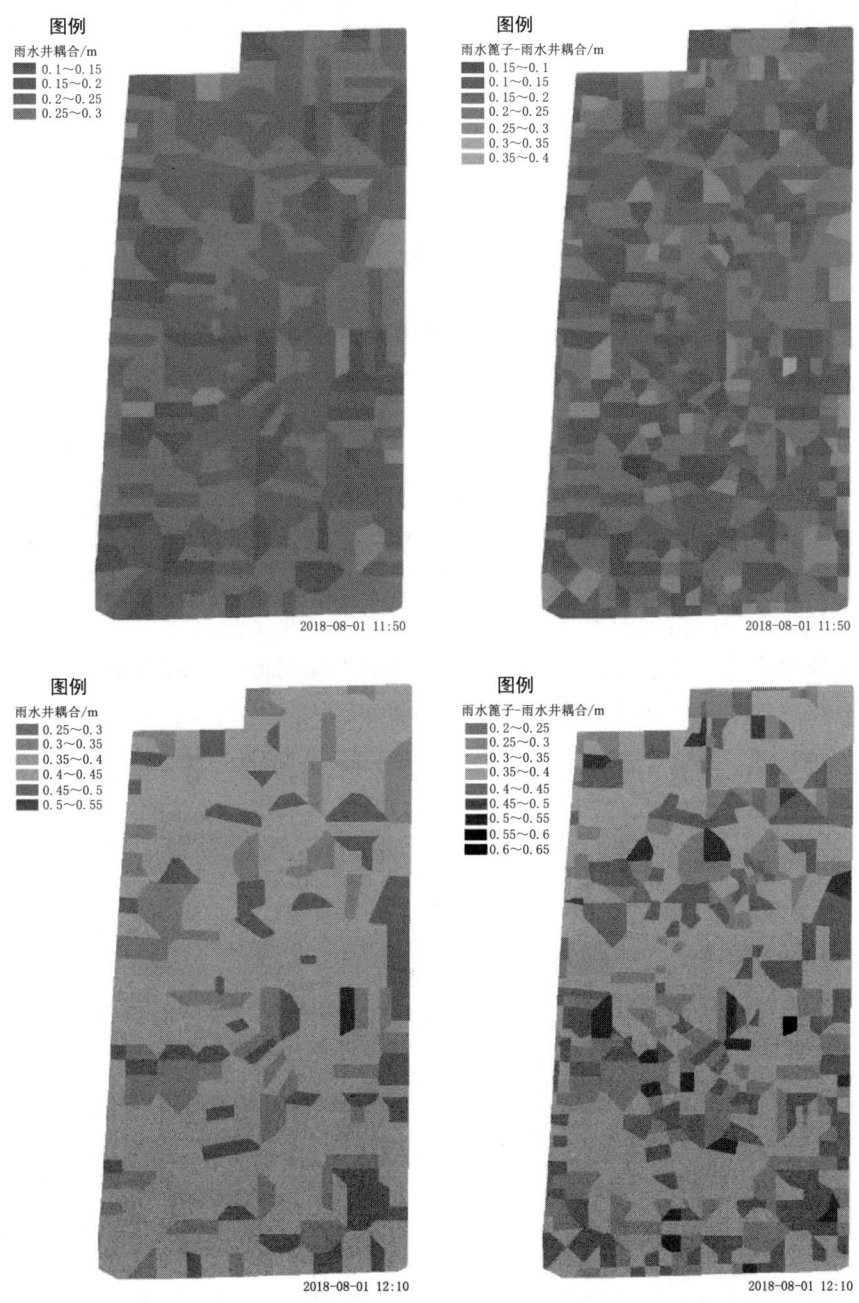

图 4.21 不同耦合方式下计算的淹没水深对比图

时，相当于有两个溢流口，而采用雨水井耦合方式计算，由于溢流口减少，淹没水深值也相对减少；最后，整体分析不同耦合方式下城市雨洪模型可知，采用雨水篦子-雨水井耦合方式的排水口的产流时间和峰现时间均出现推后现象、且峰值流量最小，这是由于研究区域虽然地面传输路径变短，但是雨水需要先流入雨水篦子再流入雨水井，才能进入雨水管网，输送至排水口，流经的路径更长也更复杂。

4.4 本章小结

本章为了构建精细化的城市暴雨洪水模型，对地表产汇流计算方法及地上地下耦合方式计算方法进行研究，首先，提出了基于不同覆盖类型栅格的地表产流计算方法；其次，提出了考虑相邻子汇水区之间水量交换的地表汇流计算方法；最后，提出雨水篦子-雨水井耦合的计算方法。基于上述理论方法构建城市暴雨洪水模型，对比新提出的耦合方式与常规雨水井耦合方式计算淹没水深的结果可知，不同耦合方式计算的淹没水深的平均水深相差不大，且随着降雨强度的变化而变化；不同时刻，两种耦合方式下淹没水深的最小值相差不大，且相差值随着降雨强度的增加而缩小，淹没水深的最大值却相差很大，且相差值随着降雨强度的增加而增大。对比排水口的产流时间、峰现时间及峰值流量可知，雨水篦子-雨水井耦合计算的结果更符合实际情况。

第5章 基于无网格方法构建城市三维洪水演进模型

城市暴雨洪水数值计算结果通常以流速变化过程线、水位变化过程线、瞬时等深线及瞬时流场图等形式进行展示,这些展示已经不能满足当前水利信息化的需求。为了将城市暴雨洪水模型数值计算结果更直观有效的展示给决策者,构建三维城市暴雨洪水模型就显得非常必要。本章在第4章的基础上,对地上地下耦合计算得到的地面溢流量进行三维展示,首先介绍 DualSPHysics 的理论基础,分析 DualSPHysics 的数值计算结果和计算性能;其次融合无人机摄影测量和基于 SPH 技术的流体求解两种先进技术,构建三维实景下的城市洪水演进模型。

5.1 DualSPHysics 模型理论基础

物理流体模拟通常都是基于计算流体力学,其中纳维斯托克斯方程式(Navier-Stokes,NS)就是一个很好的流体流动模型,且国内外学者对 NS 方程的数值求解进行了大量的研究。其中,光滑粒子流体动力学(Smoothed Partical Hydrodynamics,SPH)对于求解非线性水动力学问题具有独特的优势:①该方法摆脱了网格的限制,是一种不需要网格的真正的拉格朗日方法,流体可以在整个场景中自由流动,且所有的计算资源都集中在流体本身;②它可以展现更多的流体细节;③可以简化 NS 方法的求解[141]。经过不断的改进和修改,SPH 方法正在接近成熟阶段,对提高模型的准确性、稳定性和可靠性具有重要意义,使模型具有适用于实际工程的水平。DualSPHysics 模型是一款开源的 SPH 代码,DualSPHysics 利用图像处理技术实现了 SPH 代码的 CPU 或 GPU 并行处理,从而能够在一般计算机上以较为合理的计算成本解决实际工程问题[142]。

5.1.1 基本思想与光滑核函数

5.1.1.1 基本思想

SPH 是一种拉格朗日无网格方法,该方法用一系列的粒子来离散连续体。

根据周围粒子的物理性质，在每个粒子的位置进行局部积分离散 NS 方程。相邻粒子的集合基于距离的函数确定，可以是圆形（2D）也可以是球形（3D），其相关特征长度或平滑长度通常用 h 表示。在每一时间步上，对于每一个粒子的新物理量需要被重新计算，然后它们根据更新的值进行移动。

基于极化函数的积分方程，将连续介质流体动力学的守恒定律从偏微分形式转化为适用于粒子模拟的形式，并在特定点给出一个估计的数值。通常这个函数被称为核函数（W），且函数 $F(\boldsymbol{r})$ 是用积分近似来表示，其积分函数为：

$$F(\boldsymbol{r}) \approx \int F(\boldsymbol{r}') W(\boldsymbol{r}-\boldsymbol{r}', h) \mathrm{d}\boldsymbol{r}' \tag{5.1}$$

式中：$W(\boldsymbol{r}-\boldsymbol{r}', h)$ 为光滑核函数；$\boldsymbol{r}$ 为位置矢量；h 为光滑核函数影响区域的光滑长度。

平滑核函数必须满足几个性质[143-144]，如归一化条件、光滑函数趋于 0 时、具有狄拉克函数性质、紧支性条件、随着粒子间距离的增加单调递减和可微性。关于 SPH 的更完整描述可参考[145-146]。

在 SPH 方法中，任一粒子都具有独立质量、并占有一定空间，故函数的积分近似得到式（5.1）可用支持域内所有粒子叠加求和离散化形式表示，这一过程也被称作是粒子近似法，则 $F(\boldsymbol{r})$ 的积分函数可写出离散形式：

$$F(\boldsymbol{r}_a) \approx \sum_b F(\boldsymbol{r}_b) W(\boldsymbol{r}_a - \boldsymbol{r}_b) ? v_b \tag{5.2}$$

式中：$? v_b$ 为特征粒子 b 的体积。如果 $? v_b = m_b / \rho_b$，其中 m 和 ρ 为粒子 b 的质量和密度，代入式（5.2）得：

$$F(\boldsymbol{r}_a) \approx \sum_b F(\boldsymbol{r}_b) \frac{m_b}{\rho_b} W(\boldsymbol{r}_a - \boldsymbol{r}_b, h) \tag{5.3}$$

5.1.1.2 光滑核函数

SPH 的性能在很大程度上取决于光滑核函数的选择。用 $q = r/h$ 表示粒子之间的无量纲距离。其中，r 为任意两个给定粒子 a 和粒子 b 之间的距离，h 为定义光滑函数影响区域的光滑长度。光滑核函数的形式有很多种，在 Dual-SPHysics 中光滑核函数主要是三次样条核函数和五次样条核函数。

1. 三次样条核函数

$$W(\boldsymbol{r}, h) = \alpha_D \times \begin{cases} 1 - \frac{3}{2} q^2 + \frac{3}{4} q^3, & 0 \leqslant q < 1 \\ \frac{1}{4} (2-q)^3, & 1 \leqslant q < 2 \\ 0, & q \geqslant 2 \end{cases} \tag{5.4}$$

其中，在二维和三维中 $\alpha_D = 10/7\pi h^2$，$\alpha_D = 1/\pi h^3$。

Monaghan[147] 提出的拉伸校正方法只适用于一阶导数的核的情况，用粒子间的无量纲距离为零。

2. 五次样条核函数[148]

$$W(\boldsymbol{r},h) = \alpha_D \times \left(1 - \frac{q}{2}\right)^4 (2q+1), \quad 0 \leqslant q \leqslant 2 \tag{5.5}$$

其中，在二维和三维中 $\alpha_D = 7/4\pi h^2$，$\alpha_D = 21/16\pi h^3$。

在本书中只考虑影响域为 $2h(0 \leqslant q \leqslant 2)$ 的粒子。

5.1.2 控制方程

5.1.2.1 动量方程

动量方程的形式如下所示：

$$\frac{\mathrm{d}v}{\mathrm{d}t} = -\frac{1}{\rho}\nabla P + \boldsymbol{g} + \boldsymbol{\Gamma} \tag{5.6}$$

式中：$\boldsymbol{\Gamma}$ 为黏性项；$\boldsymbol{g}$ 为重力加速度。

DualSPHysics 模型中有不同的黏性项处理方式，如人工黏性项、层流黏性和亚粒子尺度（Sub-Particle Scale，SPS）紊流组合模型。

1. 人工黏性项

Monaghan[145] 提出的人工黏性方法比较简单，是 SPH 流体模拟中常用的一种计算方法。将动量方程的式（5.6）写成 SPH 粒子形式：

$$\frac{\mathrm{d}v_a}{\mathrm{d}t} = -\sum_b m_b \left(\frac{P_b}{\rho_b^2} + \frac{P_a}{\rho_a^2} + \Pi_{ab}\right) \nabla_a W_{ab} + \boldsymbol{g} \tag{5.7}$$

式中：P_k 和 ρ_k 分别为相应粒子 k（在粒子 a 和粒子 b 处）的压力和密度。黏性项 Π_{ab} 的形式如下：

$$\Pi_{ab} = \begin{cases} \dfrac{-\alpha \bar{c}_{ab} \mu_{ab}}{\bar{\rho}_{ab}} & \boldsymbol{v}_{ab} \boldsymbol{r}_{ab} < 0 \\ 0 & \boldsymbol{v}_{ab} \boldsymbol{r}_{ab} > 0 \end{cases} \tag{5.8}$$

其中，位置矢量 $\boldsymbol{r}_{ab} = \boldsymbol{r}_a - \boldsymbol{r}_b$，流速矢量 $\boldsymbol{v}_{ab} = \boldsymbol{v}_a - \boldsymbol{v}_b$，$\mu_{ab} = h\boldsymbol{v}_{ab} \cdot \boldsymbol{r}_{ab}/(r_{ab}^2 + \eta^2)$，$\bar{c}_{ab} = 0.5(c_a + c_b)$，$\eta^2 = 0.01h^2$，$\alpha$ 为人工黏性系数，需要经过调整才能使得数组的耗散较小，得到理想的结果。

2. 层流黏性和 SPS 紊流组合模型

动量方程中的层流黏性应力可表示为[149]：

$$(\mu_0 \nabla^2 \bm{v})_a = \sum_b m_b \left[\frac{4\mu_0 \bm{r}_{ab} \cdot \nabla_a W_{ab}}{(\rho_a + \rho_b)(r_{ab}^2 + \eta^2)} \right] \bm{v}_{ab} \tag{5.9}$$

式中：μ_0 为运动黏性系数，水的取值通常为 $10^{-6} \mathrm{m}^2/\mathrm{s}$。代入动量方程式 (5.6) 中，其离散形式如下：

$$\frac{\mathrm{d}\bm{v}_a}{\mathrm{d}t} = -\sum_b m_b \left(\frac{P_b}{\rho_b^2} + \frac{P_a}{\rho_a^2} \right) \nabla_a W_{ab} + \bm{g} + \sum_b m_b \left[\frac{4\mu_0 \bm{r}_{ab} \cdot \nabla_a W_{ab}}{(\rho_a + \rho_b)(r_{ab}^2 + \eta^2)} \right] \bm{v}_{ab}$$
$$\tag{5.10}$$

Gotoh 在移动粒子半隐式（Moving Particle Semi-implicit，MPS）模型中首次提出用 SPS 的概念来描述紊流效应。其动量方程为：

$$\frac{\mathrm{d}\bm{v}}{\mathrm{d}t} = -\frac{1}{\rho}\nabla P + \bm{g} + \mu_0 \nabla^2 \bm{v} + \frac{1}{\rho} \nabla \cdot \vec{\tau} \tag{5.11}$$

其中，用式 (5.9) 表示层流项，$\vec{\tau}$ 为亚粒子的应力张量。

在弱可压的 SPH[150] 模型中，需要用 Favre 平均法来解释可压缩性，假设使用大涡模拟的黏性模拟 SPS 应力张量：

$$\frac{\vec{\tau}_{ij}}{\rho} = v_t \left(2S_{ij} - \frac{2}{3}k\delta_{ij} \right) - \frac{2}{3}C_I \nabla^2 \delta_{ij} |S_{ij}|^2 \tag{5.12}$$

式中：$\vec{\tau}_{ij}$ 为 SPS 应力张量；$C_I = 0.0066$；k 为 SPS 紊动动能；S_{ij} 为 SPS 应力张量的一个元素；紊动涡黏系数 $v_t = [C_S \Delta l]^2 |S|$；$C_S = 0.12$，为 Smagorinsky 常数；$\Delta l$ 为粒子之间的距离；$|S| = 0.5(2S_{ij}S_{ij})$。

Dalrymple[150] 通过 Favre 平均法把 SPS 引入到弱可压 SPH 模型中，则式 (5.11) 可变为如下形式：

$$\frac{\mathrm{d}\bm{v}_a}{\mathrm{d}t} = -\sum_b m_b \left(\frac{P_b}{\rho_b^2} + \frac{P_a}{\rho_a^2} \right) \nabla_a W_{ab} + \bm{g} + \sum_b m_b \left[\frac{4\mu_0 \bm{r}_{ab} \cdot \nabla_a W_{ab}}{(\rho_a + \rho_b)(r_{ab}^2 + \eta^2)} \right] \bm{v}_{ab}$$
$$+ \sum_b m_b \left(\frac{\vec{\tau}_{ij}^b}{\rho_b^2} + \frac{\vec{\tau}_{ij}^a}{\rho_a^2} + \Pi_{ab} \right) \nabla_a W_{ab} \tag{5.13}$$

5.1.2.2 连续性方程

在完全可压缩的 SPH 模拟过程中，每个粒子的质量保持不变，但是粒子的密度可变的。通过求解质量守恒方程可得到密度的变化量，则用 SPH 形式表示连续性方程计算的密度变化量为：

$$\frac{\mathrm{d}\rho_a}{\mathrm{d}t} = \sum_b m_b \bm{v}_{ab} \cdot \nabla_a W_{ab} \tag{5.14}$$

在 DualSPHysics 模型中也可采用 delta-SPH 进行计算，如引入扩散项以减少密度波动[151]，即：

$$\frac{d\rho_a}{dt} = \sum_b m_b \boldsymbol{v}_{ab} \nabla_a W_{ab} + 2\delta h \sum_b m_b \bar{c}_{ab}\left(\frac{\rho_a}{\rho_b}-1\right)\frac{1}{r_{ab}^2+\eta^2}\nabla_a W_{ab} \quad (5.15)$$

引入扩散项的目的主要是过滤密度场中相对较大的波数，同时解决每个粒子的质量守恒问题，从而降低整个粒子系统的噪声。δ 为 delta-SPH 系数，取值通常为 0.1。

5.1.2.3 状态方程

标准的 SPH 粒子近似法适用于可压缩流动问题，粒子在压力梯度作用下运动，压力依据密度和内能的变化通过状态方程来计算[152]。对于不可压缩的运动，粒子密度的微小变化，就会引起压力梯度的巨大变化，这使得计算过程极不稳定且要求计算的时间步长很小[153]。DualSPHysics 模型中定义流体被视为弱可压缩流体，人为的增加流体的可压缩性，构造的状态方程如下：

$$P = B\left[\left(\frac{\rho}{\rho_0}\right)^\gamma - 1\right] \quad (5.16)$$

式中：对于流体，γ 通常取值范围为 1～7；$B = c_0^2\rho_0/\gamma$；相对密度 $\rho_0 = 1000\text{kg/m}^3$。其中，人工声速 $c_0 = c(\rho_0) = \sqrt{\left.\frac{\partial P}{\partial \rho}\right|_{\rho_0}}$，$c_0$ 是一个比真实声速小得多的值，即人为的增加流体的可压缩性。为保证人为增加流体可压缩性带来的密度计算误差较小，通常取流场最大流速的 10 倍。

5.1.3 时间步长

首先，假设式（5.17）～式（5.19）为流体运动的基本控制方程，其中粒子的速度、密度、位置用 $\boldsymbol{v}_a$、ρ_a 和 $\boldsymbol{r}_a$ 表示：

$$\frac{d\boldsymbol{v}_a}{dt} = F_a \quad (5.17)$$

$$\frac{d\rho_a}{dt} = D_a \quad (5.18)$$

$$\frac{d\boldsymbol{r}_a}{dt} = \boldsymbol{v}_a \quad (5.19)$$

上述控制方程通过对时间进行积分进行求解，DualSPHysics 模型主要的积分计算格式是 Verlet 格式和 Symplectic 格式。当采用 Verlet 格式或采用更稳定、精确的二阶 Symplectic 格式时，$\boldsymbol{v}_a$ 也可以包含 XSPH 校正。

5.1.3.1　Verlet 格式

该算法基于通用 Verlet 格式[154]拆分为两部分，由于不需要对每一步进行多次计算（预测和校正），则其计算速度较快。预测步的计算变量的依据是：

$$v_a^{n+1} = v_a^{n-1} + 2\Delta t F_a^n \tag{5.20}$$

$$r_a^{n+1} = r_a^n + \Delta t V_a^n + 0.5\Delta t^2 F_a^n \tag{5.21}$$

$$\rho_a^{n+1} = \rho_a^n + \Delta t D_a^n \tag{5.22}$$

式中：n 为时间步数；F_a^n 和 D_a^n 分别通过式（5.17）和式（5.18）计算。然而，为减少对时间积分值的发散，每隔 N_s（建议 N_s 为 50），变量需采用下列公式计算一次。

$$v_a^{n+1} = v_a^n + \Delta t F_a^n \tag{5.23}$$

$$r_a^{n+1} = r_a^n + \Delta t V_a^n + 0.5\Delta t^2 F_a^n \tag{5.24}$$

$$\rho_a^{n+1} = \rho_a^n + \Delta t D_a^n \tag{5.25}$$

第二部分是为了阻止积分随时间的发散，因为方程不再耦合。即采用 Verlet 格式存在数值稳定性的问题，则提高使用该格式第二部分的频率是有效的方法，但是假如将该频率提高到 $N_s = 10$，那么该格式将不能捕捉部分粒子的动态。此时，应采用 Symplectic 格式进行替代。

5.1.3.2　Symplectic 格式

Symplectic 格式在没有摩擦或黏性效应的情况下是时间可逆的[155]。它们还可以保留几何特征，如运动方程中存在的能量时间反转对称性，从而提高长期解的分辨率。Symplectic 格式是显示且是具有二阶精度的积分格式，共有预测和校正两个阶段。在预测阶段，求解中间时间步的加速度和密度的值：

$$r_a^{n+\frac{1}{2}} = r_a^n + \frac{\Delta t}{2} v_a^n \tag{5.26}$$

$$\rho_a^{n+\frac{1}{2}} = \rho_a^n + \frac{\Delta t}{2} D_a^n \tag{5.27}$$

其中，上标 n 可标注时间步长，且 $t = n\Delta t$。

校正阶段，用 $dv_a^{n+\frac{1}{2}}/dt$ 校正流速 v_a^{n+1}，进而求得粒子的位置 r_a^{n+1}：

$$v_a^{n+1} = v_a^{n+\frac{1}{2}} + \frac{\Delta t}{2} F_a^{n+\frac{1}{2}} \tag{5.28}$$

$$r_a^{n+1} = r_a^{n+\frac{1}{2}} + \frac{\Delta t}{2} v_a^{n+1} \tag{5.29}$$

最后，通过式（5.26）和式（5.27），计算得到校正后的密度：

$$\frac{\mathrm{d}\rho_a^{n+1}}{\mathrm{d}t} = D_a^{n+1}\text{[156]}。$$ (5.30)

5.1.3.3 变时间步长

在 DualSPHysics 模型中，为防止计算结果发散，时间步长必须满足克朗数（CFL）准则、压力项和黏性扩散项[157]。可变时间步长 Δt 是依据 Monaghan 进行计算的，形式如下：

$$\Delta t = C \cdot \min(\Delta t_f, \Delta t_{cv})$$ (5.31)

式中：C 为 0.1 至 0.3 之间变化的常数；Δt_f 为基于单位质量的压力 $(|f|)_a$；Δt_{cv} 为结合黏性和 CFL 控制的时间步。

$$\Delta t_f = \min_a \left(\sqrt{\frac{h}{|f_a|}} \right)$$

$$\Delta t_{cv} = \min_a \left\{ \frac{h}{c_s + \max_b \left[\frac{h v_{ab} \cdot r_{ab}}{r_{ab}^2 + \eta^2} \right]} \right\}$$

5.1.4 边界条件

在 DualSPHysics 模型中，边界是由一组独立于流体粒子的粒子来描述的。通常有动力边界条件、周期性边界条件、预加运动边界、驱动流体运动。

5.1.4.1 动力边界条件

DualSPHysics 模型提供的默认边界条件是动力边界条件。假定边界粒子与流体粒子具有相同的控制方程，但不会根据作用力移动，相反要么保持在固定位置，要么根据预先定义的运动函数（如推波板门或漂浮体）进行移动。

将固壁边界离散称为"边界虚粒子"，当流体粒子接近边界时，且边界粒子与流体粒子之间的距离小于光滑长度（h）的两倍时，受影响的边界粒子密度将增加，导致边界粒子压力增大。与此相反，由于动量方程中的压力项，假定边界粒子对靠近它的流体粒子施加一个大小适当的中心排斥力，以阻止流体粒子穿越固壁边界，且排斥力只在距离上起作用。由于边界粒子并不参与流体的密度计算，因此，流体粒子可以轻易地离开边界层，该方法守恒性较弱，在模拟边界附近的粒子运动时与实际运动略有差异。

5.1.4.2 周期性边界条件

DualSPHysics 模型的周期边界条件为开放边界提供了支持。这是通过允许靠近开放侧边界的粒子与区域另一侧互补开放侧边界附近的流体粒子相互作用来实现的。实际上，粒子的紧致支持核被其最接近的开放边界所剪裁，而其剪裁支持的其余部分则应用于互补开放边界。

5.1.4.3 预加运动边界

在 DualSPHysics 模型中边界粒子可以预先施加运动，采用各种预定义的移动功能，配置运动细节的时间相关输入的功能。

预加运动边界与动力边界区别时预加运动边界不是固定的，而是独立于当前作用于它们的力而移动。这提供了定义复杂的模拟场景的能力（如船桨），因为边界粒子会在流体粒子移动时影响流体粒子。

5.1.4.4 驱动流体对象

驱动物体运动也可以通过物体与流体粒子间的相互作用力，可通过对整个控制体的应力贡献进行求和来实现。假设物体是刚性的，通过指定的核函数和平滑长度的周围流体粒子贡献的总和计算每个边界粒子上的静作用力。因此，每个边界粒子 k 每单位质量受到的力为：

$$f_k = \sum_{a \in WPs} f_{ka} \tag{5.32}$$

式中：f_{ka} 为流体粒子 a 对边界粒子 k 施加的单位质量力，由下式得出：

$$m_k f_{ka} = -a f_{ak} \tag{5.33}$$

对于移动物体的运动，可以使用刚体动力学的基本方程：

$$M \frac{\mathrm{d}V}{\mathrm{d}t} = \sum_{k \in BPs} m_k f_k \tag{5.34}$$

$$I \frac{\mathrm{d}\Omega}{\mathrm{d}t} = \sum_{k \in BPs} m_k (r_k - R_0) f_k \tag{5.35}$$

式中：M 为物体的质量；I 为转动惯量；V 为速度；Ω 为转动速度；R_0 为质心。

整合式（5.34）和式（5.35），以便预测下一时间步开始时的 V 和 Ω 值。物体内的每个边界粒子的速度为：

$$u_k = V + \Omega (r_k - R_0) \tag{5.36}$$

最后，刚体内的边界粒子被移动通过积分式（5.33），文献表明该方法既保留了线性动量，也保留了角动量[145,158]。

5.2 DualSPHysics 数值模拟结果及计算性能分析

5.2.1 DualSPHysics 数值模拟结果与试验数据结果对比分析

华盛顿大学 Yeh and Petroff[159] 的溃坝试验装置被限定在一个长 1.6m，宽

0.61m,高 0.75m 的矩形盒子里,最初在盒子一端的坝门后的水量是 0.4m×0.61cm×0.3m,闸门下游 0.5m 处并距离最近的水箱侧壁 0.24m 处设置一个尺寸为 0.12m×0.12m×0.75m 的结构。在 DualSPHysics 构建对应的模型,并设置数值参数设置为,光滑长度为 0.01732m、粒子间距离为 0.001m、粒子总数为 101173、人工黏性系数为 0.01、人工声速为 $20V_{max}$、克朗数的常数为 0.2、模拟的物理时间为 195s。采用 DualSPHysics 模型模拟溃坝瞬时的流固相互作用如图 5.1 所示。

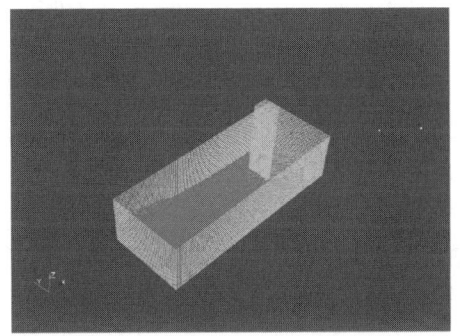

图 5.1 采用 DualSPHysics 模型模拟溃坝瞬时的流固相互作用图($t=15s$)

Gómez-Gesteira 和 Dalrymple[160] 通过试验测量获得流体粒子施加在结构体上时间序列的作用力,本书采用这些试验数据用于验证 DualSPHysics 模型的 SPH 计算,DualSPHysics 模型数值模拟与华盛顿大学 Yeh and Petroff[159] 试验结果的作用力对比如图 5.2 所示。

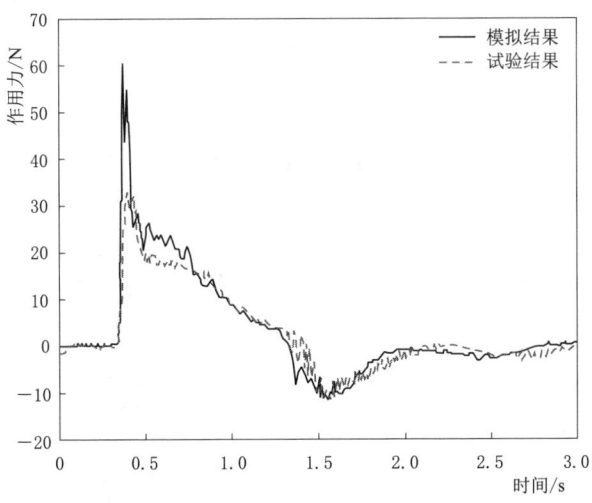

图 5.2 流体粒子施加到结构体上的作用力对比图

通过 DualSPHysics 模型模拟结果与实验对比，可知 DualSPHysic 模拟结果与实验测量数据结果在 0.5s 处的尖峰吻合不是很好，但是通过一个缓慢的过渡后，后期的数据吻合相对较好。本次对比既展现了 DualSPHysics 模型能模拟流体与结构体的相互作用，也检验了把 SPH 方法应用到实际工程的可行性。

5.2.2　DualSPHyscis 数值模拟计算性能分析

随着粒子数量的增多，SPH 方法的计算量非常大，CPU 难以满足 SPH 方法进行流体模拟，但是伴随着可编程图形硬件的发展，图形处理单元（Graphic Processing Unit，GPU）不仅可用于 3D 的图形渲染，而且可用于一些通用的计算任务。在各种 GPU 通用计算应用中，以无网格粒子法为例，其计算是由一系列的流体粒子相互作用而完成的。在计算过程中，每个粒子所要执行的计算任务是相同的，这刚好适合 GPU 的计算问题，即在不同的数据上执行相同的程序[161]。因而，浮点性能超过 CPU 几十倍的 GPU 非常适合加速 SPH 方法。本书基于开源软件 DualSPHysics 代码的研究，介绍 DualSPHysics 的 GPU 计算流程，通过模拟带有建筑物的溃坝绕流问题，对 GPU 的计算性能进行分析。

5.2.2.1　DualSPHysics 的 GPU 计算流程

首先采用前处理把计算域离散成粒子；其次程序读入粒子的初始化信息和对应的配置，并对求解器进行初始化；最后把初始化的数据复制到 GPU 端开始进行求解。求解过程由邻居粒子的更新、计算粒子间的相互作用、系统信息（如位移、速度）更新等三部分组成。DualSPHysics 的 GPU 计算流程如图 5.3 所示。

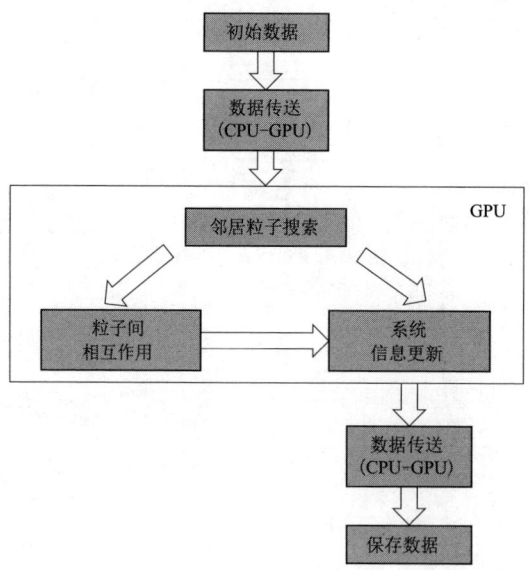

图 5.3　DualSPHysics 的 GPU 计算流程图

5.2.2.2 DualSPHysics 的 GPU 计算性能分析

试验装置限制在长 1.60m、宽 0.67m、高 0.4m 的矩形水槽内，初始时刻水槽左侧被一个尺寸为 0.4m×0.67m×0.3m 的水体占据，下游设置了四个尺寸为 0.12m×0.12m×0.45m 的建筑物。DualSPHysics 模型中将人工黏性系数设置为 0.05、参考密度下的人工声速为 $20V_{max}$、克朗数中的常数 C 为 0.2。水槽内不同时刻粒子的流速分布状态如图 5.4 所示。

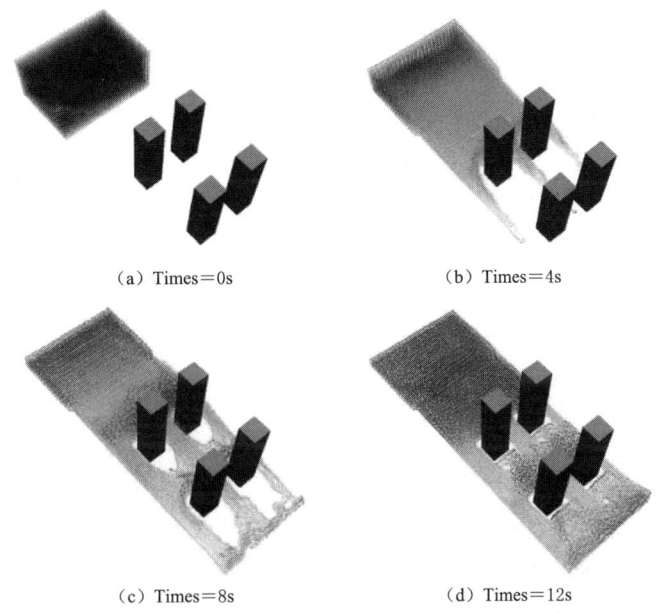

(a) Times=0s　　　　　　(b) Times=4s

(c) Times=8s　　　　　　(d) Times=12s

图 5.4　不同时刻粒子流速的分布状态图（颜色代表粒子的流速分布）

本书通过对比 GPU 与 CPU 的计算所耗时间研究 GPU 的计算性能问题。本书采用的 GPU 为 GP104GL，显存空间 6GB；所采用的 CPU 为 i9-8950HK（6核12线程），主频为 2.9GHz，动态加速频率为 4.8GHz，最大内存为 64GB，测试平台为 win10、64 位系统。本节分别取粒子间距为 0.015、0.0125、0.01、0.0075、0.005，对应的粒子总数为 27480、45229、85055、192442、628105，则不同粒子间距下 CPU 与 GPU 的运行时间如图 5.5 所示。

通过图 5.5 可知，粒子间距离较大，粒子数量少，采用 GPU 与 CPU 计算的运行时间相差不大；但是随着粒子间距离的减小，粒子数量会增加，GPU 计算的优势越来越明显，如当粒子间距离为 0.005 时，GPU 的运行时间是 CPU 运行时间的百分之五。这是因为当粒子数量足够多时，GPU 采用多线程被充分的利用，从而有效的隐藏计算延迟，能最大限度的发挥 GPU 多线程并行运行的优势。

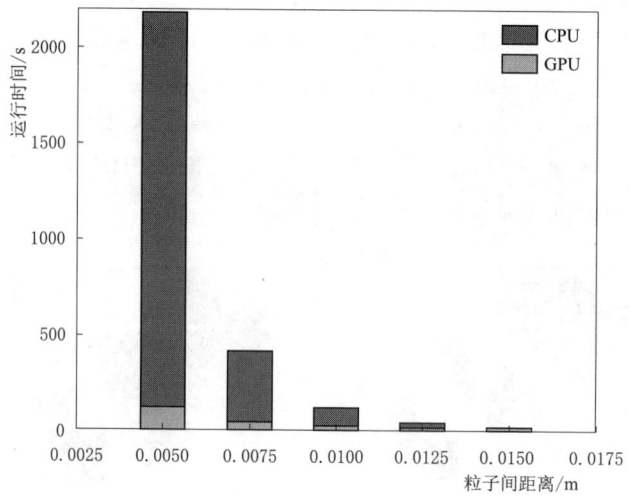

图 5.5　不同粒子间距下 GPU 与 CPU 的运行时间对比图

5.3　基于 DualSPHysics 的城市洪水演进模型的应用

5.3.1　建筑物影响下的城市洪水演进模拟

5.3.1.1　建筑物三维场景构建及数据预处理

本小节是在前期工作的基础上，对地面的溢流量进行三维展示，研究建筑物影响下的城市洪水演进。本书选用 SketchUp 软件对研究区域的三维地形及建筑物进行建模，首先，建模之前将 ArcGIS 中等高点要素生成等高线文件，方便 CAD 场地的等高线修改绘制，同时也可将 ArcGIS 中的 DEM 及建筑物以同样的方式一起导出为 CAD 格式，将其分层处理，每个图层可分割另存为单独的 CAD 文件，利于在 SketchUp 中快速叠加和分层处理；其次，使用 SketchUp 将研究区域的地形的 DEM 和建筑物进行建模，其结果如图 5.6 所示。

为了将制作好的三维地形及建筑物导入 DualSPHysics 中，SketchUp 需要将制作好的三维 DEM 及建筑物分别另存为 STL 文件，这是由于在 Dual-SPHysics 预处理过程中需要借助曲面几何体（三角形网格）进行转换成 SPH 粒子。通常需要检查对象周围的网格节点，仅在构成所需几何体形状的节点中创建粒子，对于三角形，只有距离三角形的其中一边小于 $0.6*dp$ 的节点时才用于创建粒子，这样处理的目的，使空间分辨率的精度与网格的分辨率密切结合起来。研究区域的三维地形及建筑物通过 STL 文件转换成的 SPH 粒子如图 5.7 所示。

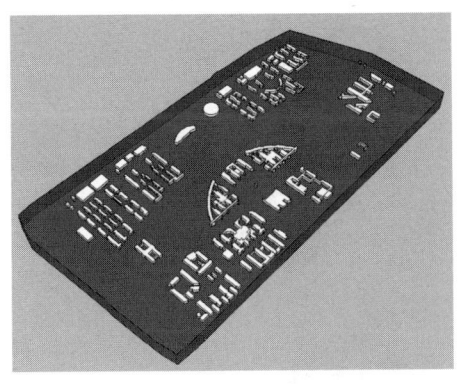 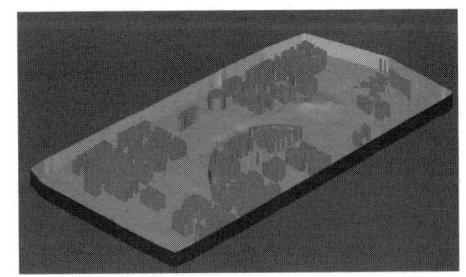

图 5.6 研究区域的 DEM 和建筑物的三维建模图

图 5.7 由 SketchUp 转换而成的 SPH 粒子图

5.3.1.2 建筑物影响下城市洪水演进应用

城市暴雨洪水演进是一个随时间动态变化的过程，在三维场景下直观形象的显示研究区域内淹没范围的不断变化。降雨数据采用 2018 年 8 月 1 日短时强降雨，以第 4 章地上地下耦合计算中雨水井与雨水篦子的溢流量作为 DualSPHysics 的初始水流条件，DualSPHysics 模型中设置光滑长度为 0.001732、粒子间距为 0.0015m、粒子总数为 15136790 个，式（5.8）中的人工黏性系数为 0.05、人工声速为 $20V_{max}$、克朗数中的常数为 0.2。入流条件采用建筑物影响下的城市洪水演进模拟中的溢流量数据，研究区域的淹没范围及流体粒子的速度分布如图 5.8 所示。

由图 5.8 可知，采用 DualSPHysics 模拟建筑物影响下的城市洪水演进，比采用网格模拟更符合真实的情况，首先，从淹没范围的角度看，真实的反映了洪水演进过程中建筑物对水流传输的影响，既不受单个建筑物及建筑物间隙的制约，也不受突变地形的影响；其次，从流体粒子速度分布的角度看，在初始产生地面溢流时，地面没有遮挡物，流体粒子沿着地面高程进行地表汇流，随着地面溢流量的增多，流体粒子的运动速度相对减弱，与实际地表汇流相吻合；最后，建筑物作为障碍物引起了流动分离，这是因为建筑物的存在改变了流体粒子的滞流压力和横向剪切力。

5.3.2 三维实景下城市洪水演进模拟

随着现代技术的不断发展，智慧城市是未来开展城市管理的新手段，仅仅展示建筑物影响下的城市暴雨洪水演进是不够的，三维实景城市的构建是十分必要的。基于 SPH 处理扭曲自由表面且不受其拓扑结构限制的特性，本小节采用最新的三维建模技术——基于倾斜摄影测量技术的建模方式进行三维实景建

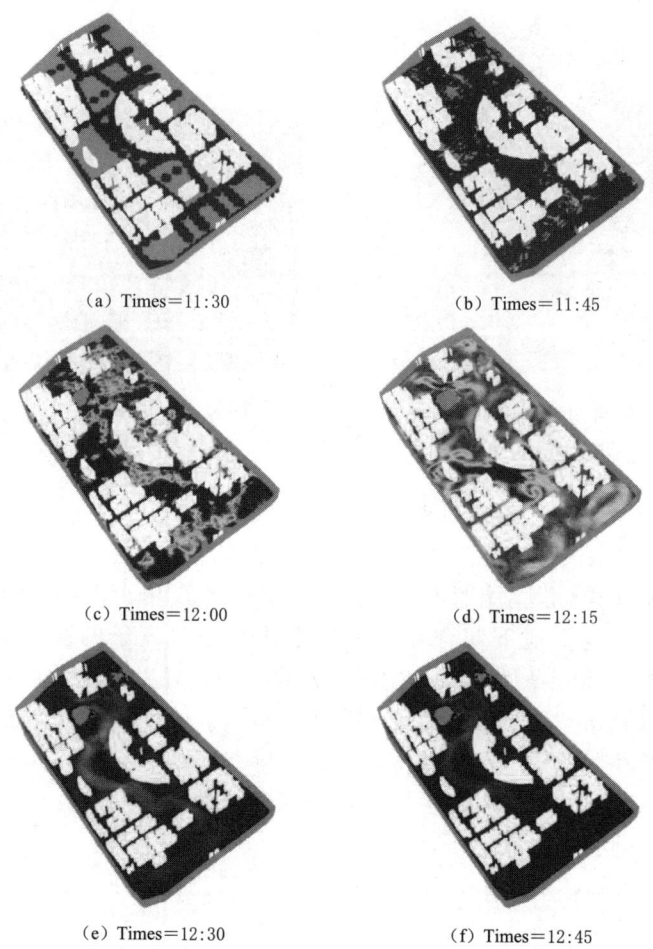

图 5.8 建筑物影响下城市洪水淹没范围及流体粒子速度分布图

模,并采用 DualSPHysics 对三维实景下城市洪水演进进行模拟。

5.3.2.1 三维实景构建及数据预处理

由于倾斜模型制作所需数据量大,本文选择一个代表性场景——眉湖东岸进行建模,区域面积东西长 245m,南北宽 145m,下垫面由五类地物组成,如图 5.9 所示。本次飞行采用的是无人机是大疆精灵 Phantom 4 Pro V2.0,其为四轴飞行器、重量为 1375g、遥控距离为 7km、最大飞行速度 50km/h、飞行时间可达 30min;配备地面遥控系统,且无人机上搭载 1 英寸 2000 万像素镜头(24mm F2.8)。飞行时间为 2019 年 5 月 1 日,共设计了 5 条飞行航线。每条航线飞行时间为 20min,航向重叠度达 50%,飞行高度为 60m,航线间距为 10m,地面采样距离是 20m。

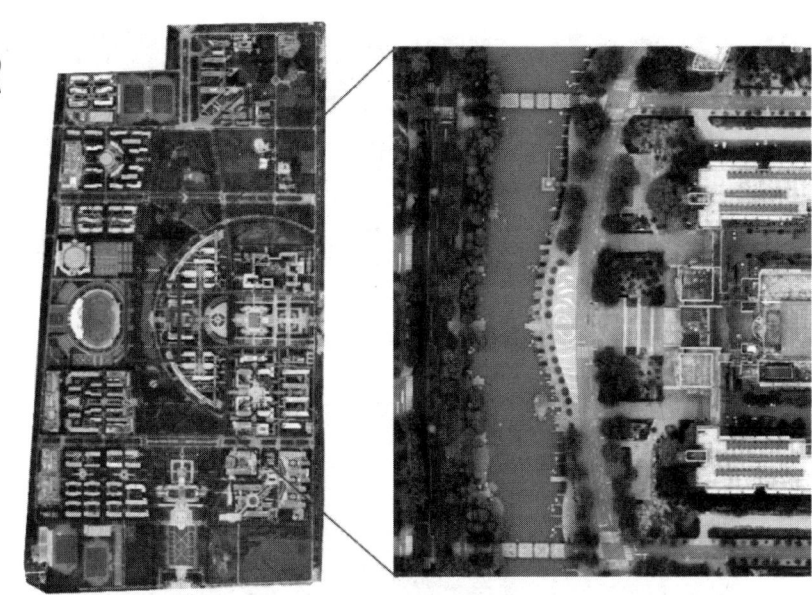

图 5.9 倾斜模型研究区域图

UAV 影像采集了场景中精确的点云数据,在将这些数据导入 DualSPHysics 模型之前,需要将这些点云数据转换成 SPH 的粒子,特别是场景中的几何体要转换成边界的 SPH 粒子,然后采用流体 SPH 粒子模拟流动。点云数据转化为 SPH 粒子的过程需借助曲面几何体(三角形网格)进行转换。因此,首先将点云转换为三角形,然后将三角形转换为 SPH 粒子。

1. 点云转换为三角形

根据拍摄的定焦照片使用 Smart 3D 软件进行空三处理,制作成 obj 格式模型;然后,导入 Blender 进行后期效果处理,如填补空洞,修饰残缺等;最后,将制作好的倾斜模型输出为 STL 格式的文件。此文件格式采用三维笛卡儿坐标系,通过三角形的单位法线和顶点描述原始三角化曲面。使用来自图像和相机方向的辐射信息对网格进行着色,可用于识别地形、材料等类型的颜色,如图 5.10 所示。

2. 三角形转换为 SPH 粒子

在 DualSPHysics 的预处理中,定义初始距离 dp 创建 3D 网格,从而使网格节点等间距,且粒子在 3D 网格的节点中被创建,使用三维网格来定位粒子,通过定位粒子可构建成任意对象,也可导入复杂的三维模型(如 STL 格式的文件),原理同上,首先将其分割成不同的三角形,然后每个三角形再转换成上述的 SPH 粒子。三维实景研究区域由倾斜模型转换而成的 SPH 粒子如图 5.11 所示。

(a) 着色图形　　　　　　　　　　　　(b) 未着色图形

图 5.10　倾斜模型的 STL 格式

图 5.11　由倾斜模型转换而成的 SPH 粒子图

5.3.2.2　真实场景的城市洪水演进应用

当在雨水箅子和雨水井处施加流入量，雨水将在地面流动，周围边界是开放的，这样粒子可以穿过它们离开这个区域。在雨水箅子和雨水井处考虑入流和出流条件，这些条件允许固定进入计算域粒子的瞬时数量，从而可以控制进水量，而且可从图 5.10 和图 5.11 中可以观察到地形上存在的河道（眉湖）。DualSPHysics 模型中设置光滑长度为 0.001732、粒子间距为 0.001m、粒子总数为 258368 个，式（5.8）中的人工黏性系数为 0.05、人工声速为 $20V_{max}$、克朗数中的常数为 0.2。入流条件采用建筑物影响下的城市洪水演进模拟中的溢流量数据，研究区域内三维实景的城市洪水演进的淹没范围及流体粒子速度分布如图 5.12 所示。

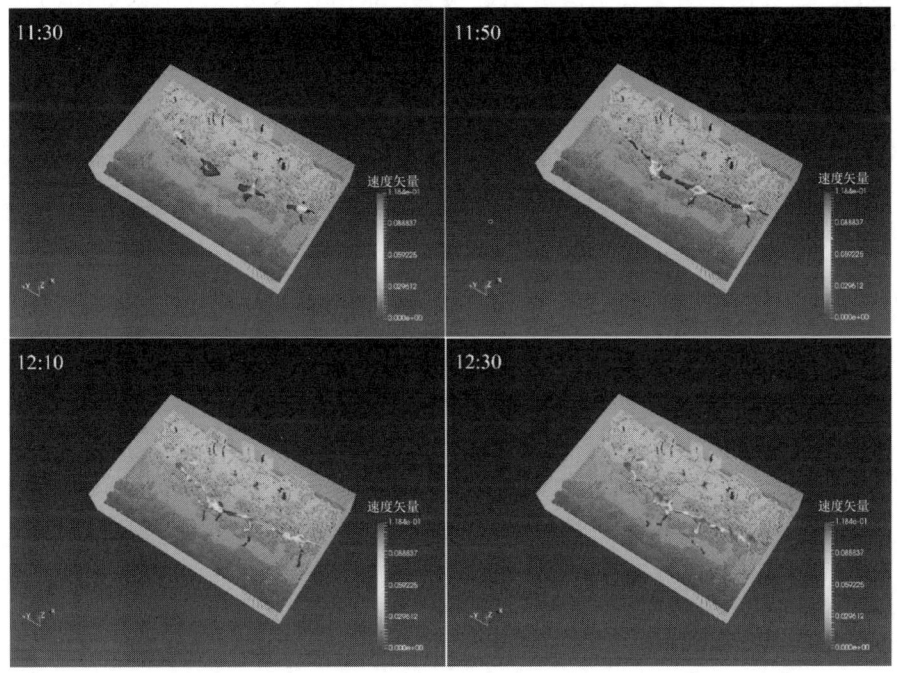

图 5.12 三维实景下城市洪水演进淹没范围及流体粒子速度分布图

由图 5.12 可知，首先，从淹没范围的角度看，11 时 30 分之前，地面的洪水只在道路行进，随着降雨强度的增大，地面的洪水开始往眉湖进行汇聚，反映了洪水演进过程中下垫面地物对水流传输的影响；其次，从流体粒子速度分布的角度看，在初始产生地面溢流时，地面没有遮挡物，流体粒子沿着地面高程进行地表汇流，随着地面溢流量的增多，流体粒子的运动速度相对减弱，与实际地表汇流相吻合；最后，在三维实景中，流体粒子追踪自由面形状的优越性得到更加充分的展现。即采用 DualSPHysics 模拟三维实景下的城市洪水演进符合真实的情况。

5.4 本 章 小 结

本章融合了无人机摄影测量和基于 SPH 技术的流体求解两种先进技术，构建三维实景下的城市洪水演进模型。首先，介绍 DualSPHysics 模型的理论基础，通过试验验证该模型的数值模拟结果的可靠性，并对其进行计算性能分析；其次，为解决城市建筑物在洪水演进过程中对水流的影响，通过无人机摄影测量获得研究区域的高精度数据，对数据进行预处理，构建一种无网格的城市建筑物影响下三维洪水演进模型；最后，采用无人机获取的高精度数据构建地表倾斜模型，实现了无网格的三维真实场景下的城市洪水演进，再现城市暴雨洪水的真实场景，为城市暴雨洪水监测和防洪减灾提供可靠依据。

第6章 结论与展望

6.1 主要结论

从高精度基础数据获取、雨水管网复杂流态的数值计算、精细化城市地表产汇流计算、地上地下双层耦合计算及地面三维洪水演进模拟等方面进行研究，提出并构建了 1D/3D 双层耦合的精细化城市暴雨洪水计算模型。本书的主要结论如下。

（1）为了从无人机影像中获取高精度的城市下垫面地物类型，本书提出了一种基于多核模糊 C 均值的马尔科夫随机场聚类算法（MKFCM-MRF），该算法在降噪的同时，保留了边缘信息，提高了城市下垫面地物聚类的精度。

（2）为了处理 Priessmann 四点隐式差分格式在急流和跨临界流中适定性问题，本书对水流动量方程中的对流加速项进行细化处理，通过明渠跨临界流的解析解及明满流试验数据的验证表明，对流加速项中 $\partial u/\partial x$ 项在数值模拟过程中起决定性作用，而 $\partial Q/\partial x$ 项对数值模拟结果的影响可以忽略，为城市地下雨水管网汇流计算提供了理论支撑。

（3）为了解决未满管流状态下雨水井引起的雨水管道过水断面突变问题，本书基于理论分析得出水流流入雨水井则产生回水影响，使得上游水位升高；而水流流出雨水井则发生阻塞现象，使上游水位抬的更高，并用水工试验进行了验证；通过水工试验还得出了流入雨水井的能量损失均值为 0.106、流出雨水井的能量损失均值为 0.075。

（4）为了构建精细化的城市暴雨洪水模型，本书提出了基于不同覆盖类型的栅格进行地表产流计算，根据栅格的类型，其产流过程选择树木冠层、草地土壤下渗、道路、建筑物产流、水体产流等水文过程的不同组合；其次，提出考虑相邻子汇水区之间水量交换的地表汇流计算，依据相邻子汇水区的高程差判别采用平流连接型还是堰流型连接，且在堰流型连接中依据两个子汇水区之间水深的关系，判别雨水流态是自由堰流还是淹没堰流；最后，提出采用雨水篦子-雨水井耦合计算方法连接地上地下双层模型。

（5）为了将城市暴雨洪水模型数值计算结果更直观真实的展示给城市水利决策者，本书基于光滑粒子动力学构建了一种无网格的城市建筑物影响下三维洪水演进模型；采用无人机获取的高精度数据研制地表倾斜模型，实现了无网格的三维真实场景下的城市洪水演进，再现城市暴雨洪水的真实场景，为城市暴雨洪水模型提供了技术支撑。

6.2 研究展望

在 1D/3D 双层耦合的精细化城市暴雨洪水模型研究过程中，学科涉及较多、问题较为复杂，还有待进一步改进：

（1）MKFCM‑MRF 聚类算法确实是一种有效的高精度影像聚类优化的算法，在下一步的研究中，对能量函数的优化算法还进行更多的研究，并将所提出的算法在其他图像上进行测试。

（2）城市洪涝灾害的主要原因通常是洪水的淹没范围和淹没水深，但是在部分高流速、高水深的极端洪水中，洪水的流速及冲击力对沿途障碍物的作用不容忽视。因此，可在三维模型中进一步探讨洪水对沿途障碍物的作用。

（3）城市暴雨洪水模型除用于城市雨洪的预警预报外，三维水动力模型还可与风险评估模型进行耦合计算，前者可以为后者提供详细的模型输入信息。

参 考 文 献

[1] Hollis G E. The Effect of Urbanization on Floods of Different Recurrence Interval [J]. Water Resources Research, 1975, 11 (3): 431-435.

[2] Jie L, Wang S Y, Li D M. The Analysis of the Impact of Land-Use Changes on Flood Exposure of Wuhan in Yangtze River Basin, China [J]. Water Resources Management, 2014, 28 (9): 2507-2522.

[3] Elliott A H, Trowsdale S A. A review of models for low impact urban stormwater drainage [J]. Environmental Modelling & Software, 2007, 22 (3): 394-405.

[4] Hollis G E. The Effect of Urbanization on Floods of Different Recurrence Interval [J]. Water Resources Research, 1975, 11 (3): 431-435.

[5] Shahapure S S, Eldho T I, Rao E P. Coastal Urban Flood Simulation Using FEM, GIS and Remote Sensing [J]. Water Resources Management, 2010, 24 (13): 3615-3640.

[6] 金磊. 美国城市公共安全应急体系建设方法研究 [J]. 城市管理与科技, 2006, 24 (6): 81-84.

[7] 杨卫忠, 张葆蔚, 符日明. 2016年洪涝灾情综述 [J]. 中国防汛抗旱, 2017, 27 (1): 26-29.

[8] 张葆蔚. 2015年洪涝灾情综述 [J]. 中国防汛抗旱, 2016, 26 (1): 24-26.

[9] 张葆蔚. 2014年全国洪涝灾情 [J]. 中国防汛抗旱, 2015, 25 (1): 19-20.

[10] 闫淑春. 2013年全国洪涝灾情 [J]. 中国防汛抗旱, 2014, 36 (1): 18-19.

[11] 闫淑春. 2012年全国洪涝灾害情况 [J]. 中国防汛抗旱, 2013, 23 (1): 17-79.

[12] 国家防办. 2011年全国洪涝灾害情况 [J]. 中国防汛抗旱, 2012, 22 (1): 26.

[13] 国家防办. 2017年全国洪涝灾情综述 [J]. 中国防汛抗旱, 2018, 28 (8): 60-66.

[14] Jacobson C R. Identification and quantification of the hydrological impacts of imperviousness in urban catchments: A review [J]. Journal of Environmental Management, 2011, 92 (6): 1438-1448.

[15] 刘勇, 张韶月, 柳林, 等. 智慧城市视角下城市洪涝模拟研究综述 [J]. 地理科学进展, 2015, 34 (4): 494-504.

[16] Fenner R A. Approaches to sewer maintenance: a review [J]. Urban Water, 2000, 2 (4): 343-356.

[17] Guan M, Sillanpää N, Koivusalo H. Modelling and assessment of hydrological changes in a developing urban catchment [J]. Hydrological Processes, 2015, 29 (13): 2880-2894.

[18] Fletcher T D, Andrieu H, Hamel P. Understanding, management and modelling of urban hydrology and its consequences for receiving waters: A state of the art [J]. Advances in Water Resources, 2013, 51: 261-279.

[19] Schubert J E, Sanders B F, Smith M J, et al. Unstructured mesh generation and landcover-based resistance for hydrodynamic modeling of urban flooding [J]. Advances in

Water Resources, 2008, 31 (12): 1603-1621.

[20] 邹霞, 刘佳明. 城市降雨径流模型研究及模拟比较 [J]. 中国农村水利水电, 2016 (12): 101-105.

[21] 刘家宏, 王浩, 高学睿, 等. 城市水文学研究综述 [J]. 科学通报, 2014 (36): 3581-3590.

[22] 邓培德. 城市雨水道设计洪峰径流系数法研究及数学模型法探讨 [J]. 给水排水, 2014 (5): 108-112.

[23] 王冬, 李丽, 王加虎, 等. 径流曲线数 (SCS-CN) 模型在洪水预报中的应用研究 [J]. 中国农村水利水电, 2017 (8): 108-112.

[24] 沈洪政, 王仰仁, 韩娜娜. 非线性入渗模型求参中参数初始值确定方法研究 [J]. 中国农村水利水电, 2017 (10): 183-187.

[25] 曹飞凤, 严齐斌, 张世强. 改进 SCEM-UA 算法在概念性降雨-径流模型参数优选中的应用 [J]. 系统工程理论与实践, 2012, 32 (6): 1362-1368.

[26] 李磊, 朱永楠, 谷洪钦. 推理公式法在土耳其小流域设计洪水计算中的适应性分析 [J]. 水文, 2016, 36 (2): 41-45.

[27] 周玉文, 孟昭鲁, 王民. 城市雨水口流域等流时线法降雨径流模拟模型 [J]. 沈阳建筑工程学院学报, 1994 (4): 339-344.

[28] 周玉文, 孟昭鲁. 瞬时单位线法推求雨水管网入流流量过程线的研究 [J]. 给水排水, 1995 (3): 5-9.

[29] 任伯帜, 邓仁建. 城市地表雨水汇流特性及计算方法分析 [J]. 中国给水排水, 2006, 22 (14): 39-42.

[30] 陈一帆. 城市区域水情仿真和数据同化的理论研究与应用 [D]. 杭州: 浙江大学, 2013.

[31] 任伯帜. 城市设计暴雨及雨水径流计算模型研究 [D]. 重庆: 重庆大学, 2004.

[32] Liang Q, Xia X, Hou J. Efficient urban flood simulation using a GPU-accelerated SPH model [J]. Environmental Earth Sciences, 2015, 74 (11): 7285-7294.

[33] Kao H M, Chang T J. Numerical modeling of dambreak-induced flood and inundation using smoothed particle hydrodynamics [J]. Journal of Hydrology, 2012, 448-449: 232-244.

[34] Djordjević S, Prodanović D, Maksimović. An approach to simulation of dual drainage [J]. Water Science & Technology, 1999, 39 (9): 95-103.

[35] Jahanbazi M, Egger U. Application and comparison of two different dual drainage models to assess urban flooding [J]. Urban Water Journal, 2014, 11 (7): 584-595.

[36] T G S, M T, N E. Assessment of urban flooding by dual drainage simulation model RisUrSim [J]. Water science and technology: a journal of the International Association on Water Pollution Research, 2005, 52 (5): 257-264.

[37] Fraga I, Cea L, Puertas J. Validation of a 1D-2D dual drainage model under unsteady part-full and surcharged sewer conditions [J]. Urban Water Journal, 2015, 14 (1): 74-84.

[38] Randall M, Perera N, Gupta N, et al. Development and Calibration of a Dual Drainage Model for the Cooksville Creek Watershed, Canada [J]. Journal of Water Management

Modeling, 2017, 25 (419): 1-9.

[39] Chen A S, Chen A S, Leandro J, et al. Modelling sewer discharge via displacement of manhole covers during flood events using 1D/2D SIPSON/P-DWave dual drainage simulations [J]. Urban Water Journal, 2016, 13 (8): 830-840.

[40] Randall M, Perera N, Gupta N, et al. Development and Calibration of a Dual Drainage Model for the Cooksville Creek Watershed, Canada [J]. Journal of Water Management Modeling, 2017.

[41] Jahanbazi M, Egger U. Application and comparison of two different dual drainage models to assess urban flooding [J]. Urban Water Journal, 2014, 11 (7): 584-595.

[42] Chang T, Wang C, Chen A S, et al. The effect of inclusion of inlets in dual drainage modelling [J]. Journal of Hydrology, 2018, 559: 541-555.

[43] Chen A S, Chen A S, Leandro J, et al. Modelling sewer discharge via displacement of manhole covers during flood events using 1D/2D SIPSON/P-DWave dual drainage simulations [J]. Urban Water Journal, 2016, 13 (8): 830-840.

[44] Ignacio Fraga P D, Luis Cea P D, Jer Onimo Puertas P D, et al. Global Sensitivity and GLUE-Based Uncertainty Analysis of a 2D-1D Dual Urban Drainage Model [J]. 2016, 21 (5): 1-11.

[45] Seyoum S D, Vojinovic Z, Price R K, et al. Coupled 1D and Noninertia 2D Flood Inundation Model for Simulation of Urban Flooding [J]. Journal of Hydraulic Engineering, 2012, 138 (1): 23-34.

[46] Yu H, Huang G. A coupled 1D and 2D hydrodynamic model for free-surface flows [J]. Proceedings of the Institution of Civil Engineers-Water Management, 2014, 167 (9): 523-531.

[47] Fan Y Y, Ao T Q, Yu H J, et al. A Coupled 1D-2D Hydrodynamic Model for Urban Flood Inundation [J]. Advances in Meteorology, 2017, 2017: 1-12.

[48] Leandro J, Chen A S, Djordjević S, et al. Comparison of 1D/1D and 1D/2D Coupled (Sewer/Surface) Hydraulic Models for Urban Flood Simulation [J]. Journal of Hydraulic Engineering, 2009, 135 (6): 495-504.

[49] Liu Q, Qin Y, Zhang Y, et al. A coupled 1D-2D hydrodynamic model for flood simulation in flood detention basin [J]. Natural Hazards, 2015, 75 (2): 1303-1325.

[50] 宋晓猛, 张建云, 王国庆, 等. 变化环境下城市水文学的发展与挑战: Ⅱ. 城市雨洪模拟与管理 [J]. 水科学进展, 2014, 25 (5): 752-764.

[51] 朱冬冬, 周念清, 江思珉. 城市雨洪径流模型研究概述 [J]. 水资源与水工程学报, 2011, 22 (3): 132-137.

[52] 岑国平, 沈晋, 范荣生, 等. 城市地面产流的试验研究 [J]. 水利学报, 1997 (10): 47-52.

[53] 周玉文. 城市给水排水管网系统信息化建设面临的挑战与机遇 [J]. 给水排水, 2008 (8): 1-3.

[54] 徐向阳. 平原城市雨洪过程模拟 [J]. 水利学报, 1998, 29 (8): 34-37.

[55] 解以扬, 李大鸣, 李培彦. 城市暴雨内涝数学模型的研究与应用 [J]. 水科学进展, 2005, 16 (3): 384-390.

[56] 陈洋波,周浩澜,张会,等. 东莞市内涝预报模型研究 [J]. 武汉大学学报（工学版）,2015,48（5）：608-614.

[57] 仇劲卫,李娜,程晓陶. 天津市城区暴雨沥涝仿真模拟系统 [J]. 水利学报,2000,31（11）：34-42.

[58] 耿艳芬. 城市雨洪的水动力耦合模型研究 [D]. 大连：大连理工大学,2006.

[59] 喻海军. 城市洪涝数值模拟技术研究 [D]. 广州：华南理工大学,2015.

[60] 胡伟贤,何文华,黄国如,等. 城市雨洪模拟技术研究进展 [J]. 水科学进展,2010,21（1）：137-144.

[61] Ming - Chuan Hung D Y. An Efficient Fuzzy C - Means Clustering Algorithm [J]. IEEE,2001：232-255.

[62] Gong M,Liang Y,Shi J,et al. Fuzzy C - means clustering with local information and kernel metric for image segmentation [J]. IEEE Trans Image Process,2013,22（2）：573-584.

[63] H. T. Nguyen N R P C. A first course in fuzzy and neural control [M]. Chapman & Hall/CRC,2003：176-179.

[64] Huang K F,Chen Y H. An improved Fuzzy C - means clustering algorithm [C]//International Conference on Automatic and Artificial Intelligence. College of Information Technology. Luoyang：Louyang Normal University,2013：437-440.

[65] Mehena J,Adhikary M C. Medical Image Segmentation and Detection of MR Images Based on Spatial Multiple - Kernel Fuzzy C - Means Algorithm [J]. 2015,9：518-522.

[66] Du G Y,Miao F,Tian S L,et al. A Modified Fuzzy C - means Algorithm in Remote Sensing Image Segmentation,2009 [C]. IEEE,2009.

[67] Nookala M V,Anuradha B. A Novel Multiple - kernel based Fuzzy c - means Algorithm with Spatial Information for Medical Image Segmentation [J]. International Journal of Image Processing（IJIP）,2013,7：286-301.

[68] Dhanalakshmi L,Ranjitha S,Suresh H N. Image processing using Modified Multiple kernel fuzzy c - means clustering（MMKFCM）technique,2016 [C]. IEEE,2016.

[69] Nguyen D D,Ngo L T. Multiple Kernel Interval Type - 2 Fuzzy C - Means Clustering [J]. IEEE,2013.

[70] Nguyen D D,Ngo L T,Pham L T,et al. Towards hybrid clustering approach to data classification：Multiple kernels based interval - valued Fuzzy C - Means algorithms [J]. Fuzzy Sets and Systems,2015,279：17-39.

[71] Zhou Y J,Zhang H,Xu X D,et al. A Novel Classification Optimization Approach Integrating Class Adaptive MRF and Fuzzy Local Information for High Spatial Resolution Multispectral Imagery [J]. Applied Sciences,2018,8（10）：1792.

[72] Binu D,Selvi M,George A. MKF - Cuckoo：Hybridization of Cuckoo Search and Multiple Kernel - based Fuzzy C - means Algorithm [J]. AASRI Procedia,2013,4：243-249.

[73] Liu S,Li X,Li Z. A new image segmentation algorithm based the fusion of Markov random field and fuzzy c - means clustering,2005 [C]. IEEE,2005.

[74] R J R Raj. Change Detection in SAR Images Based on FCM with Modified MRF Approach [J]. Journal of Engineering and Applied Sciences, 2017, 12: 7272-7275.

[75] Liu J, Lei Y, Xing Y, et al. Multispectral and panchromatic images fusion using the Markov-random-field-based FCM [J]. Remote Sensing Letters, 2015, 6 (12): 992-1001.

[76] Abdulbaqi H S, Jafri M Z M, Omar A F, et al. Detecting brain tumor in computed tomography images using Markov random fields and fuzzy C-means clustering techniques [J]. AIP Conference Proceedings, 2015, 1657 (1): 1-5.

[77] Yang H L, Peng J H, Xia B R, et al. Remote Sensing Classification Using Fuzzy C-means Clustering with Spatial Constraints Based on Markov Random Field [J]. European Journal of Remote Sensing, 2013, 46 (1): 305-316.

[78] Alajlan N, Bazi Y, Melgani F, et al. Fusion of supervised and unsupervised learning for improved classification of hyperspectral images [J]. Information Sciences An International Journal, 2012, 217 (24): 39-55.

[79] Chen L, Chen C L P, Lu M. A multiple-kernel fuzzy C-means algorithm for image segmentation [J]. IEEE Trans Syst Man Cybern B Cybern, 2011, 41 (5): 1263-1274.

[80] Casulli V, Stelling G S. A semi-implicit numerical model for urban drainage systems [J]. International Journal for Numerical Methods in Fluids, 2013, 73 (6): 600-614.

[81] Szydłowski M. Experimental Verification of Storm Sewer Transient Flow Simulation [J]. Archives of Hydro-Engineering and Environmental Mechanics, 2014, 61 (3-4): 205-215.

[82] An H, Lee S, Noh S, et al. Hybrid Numerical Scheme of Preissmann Slot Model for Transient Mixed Flows [J]. Water, 2018, 10 (7): 899.

[83] Zhong J. General hydrodynamic model for sewerchannel network systems [J]. Journal of Hydraulic Engineering, 1998, 3 (124): 307-315.

[84] Politano M, Odgaard A J, Klecan W. Case Study: Numerical Evaluation of Hydraulic Transients in a Combined Sewer Overflow Tunnel System [J]. Journal of Hydraulic Engineering, 2007, 133 (10): 1103-1110.

[85] Fuamba, Musandji. Contribution on transient flow modelling in storm sewers [J]. Journal of Hydraulic Research, 2002, 40 (6): 685-693.

[86] Trajkovic B, Ivetic M, Calomino F, et al. Investigation of transition from free surface to pressurized flow in a circular pipe [J]. Water Science and Technology, 1999, 39 (9): 105-112.

[87] Hatcher T M, Vasconcelos J G. Alternatives for flow solution at the leading edge of gravity currents using the shallow water equations [J]. Journal of Hydraulic Research, 2014, 52 (2): 228-240.

[88] Freitag M A, Morton K W. The Preissmann box scheme and its modification for transcritical flows [J]. International Journal for Numerical Methods in Engineering, 2007, 70 (7): 791-811.

[89] Kane S, Sambou S, Leye I, et al. Modeling of Unsteady Flow through Junction in Rec-

- [90] Sart C, Baume J P, Malaterre P O, et al. Adaptation of Preissmann's scheme for transcritical open channel flows [J]. Journal of Hydraulic Research, 2010, 48 (4): 428-440.
- [91] Kutija V. On the numerical modelling of supercritical flow [J]. Journal of Hydraulic Research, 1993, 31 (6): 841-858.
- [92] Djordjevi S, Prodanovi D, Walters G A. Simulation of Transcritical Flow in Pipe/Channel Networks [J]. Journal of Hydraulic Engineering, 2004, 130 (12): 1167-1178.
- [93] Abebe Y, Seyoum S, Vojinovic Z, et al. Effects of Reducing Convective Acceleration Terms in Modelling Supercritical and Transcritical Flow Conditions [J]. Water, 2016, 8 (12): 562.
- [94] Bourdarias C, Gerbi S, Ersoy M. A kinetic scheme for transient mixed flows in non uniform closed pipes: a global manner to upwind all the source terms [J]. Journal of Scientific Computing, 2010, 48 (1): 89-104.
- [95] Fernández-Pato J, García-Navarro P. A Pipe Network Simulation Model with Dynamic Transition between Free Surface and Pressurized Flow [J]. Procedia Engineering, 2014, 70: 641-650.
- [96] Jhal A K, Akiyama J, Ura M. Free-surface-pressurized flow simulations by F. D. S. scheme [J]. Annual Journal of Hydraulic Engineering, 2000, 44: 503-508.
- [97] Kerger F, Archambeau P, Erpicum S, et al. An exact Riemann solver and a Godunov scheme for simulating highly transient mixed flows [J]. Journal of Computational and Applied Mathematics, 2011, 235 (8): 2030-2040.
- [98] Chen A S, Evans B, Djordjević S, et al. A coarse-grid approach to representing building blockage effects in 2D urban flood modelling [J]. Journal of Hydrology, 2012, 426 (6): 1-16.
- [99] Chen A S, Evans B, Djordjević S, et al. Multi-layered coarse grid modelling in 2D urban flood simulations [J]. Journal of Hydrology, 2012, 470-471 (23): 1-11.
- [100] Lee S, Nakagawa H, Kawaike K, et al. Urban Inundation Simulation Considering Road Network and Building Configurations [J]. Journal of Flood Risk Management, 2016, 9 (3): 224-233.
- [101] Bradbrook K F, Lane S N, Waller S G, et al. Two dimensional diffusion wave modelling of flood inundation using a simplified channel representation [J]. International Journal of River Basin Management, 2004, 2 (3): 211-223.
- [102] 周浩澜, 陈洋波. 城市地面洪水演进模拟方法的数值实验对比研究 [J]. 四川大学学报 (工程科学版), 2011, 43 (4): 1-6.
- [103] Soares-Frazão S, Lhomme J, Guinot V, et al. Two-dimensional shallow-water model with porosity for urban flood modelling [J]. J. Hydraulic Research, 2008, 46 (1): 45-64.

[104] Bellos V, Tsakiris G. Comparing Various Methods of Building Representation for 2D Flood Modelling In Built-Up Areas [J]. Water Resources Management, 2015, 29 (2): 379-397.

[105] 翁浩轩, 廖文景, 梁旭, 等. 基于建筑密度系数的二维城市洪水数值模拟 [J]. 长江科学院院报, 2015, 32 (7): 22-28.

[106] Bradbrook K F, Lane S N, Waller S G, et al. Two dimensional diffusion wave modelling of flood inundation using a simplified channel representation [J]. International Journal of River Basin Management, 2004, 2 (3): 211-223.

[107] Hunter N M, Horritt M S, Bates P D, et al. An adaptive time step solution for raster-based storage cell modelling of floodplain inundation [J]. Advances in Water Resources, 2005, 28 (9): 975-991.

[108] Werner M, Blazkova S, Petr J. Spatially distributed observations in constraining inundation modeling uncertainties [J]. Hydrological Processes, 2010, 19 (16): 3081-3096.

[109] Gallegos H A, Schubert J E, Sanders B F. Two-dimensional, high-resolution modeling of urban dam-break flooding: A case study of Baldwin Hills, California [J]. Advances in Water Resources, 2009, 32 (8): 1323-1335.

[110] Brown J D, Spencer T, Moeller I. Modeling storm surge flooding of an urban area with particular reference to modeling uncertainties: A case study of Canvey Island, United Kingdom [J]. Water Resources Research, 2007, 43 (6): 93-104.

[111] Chen J, Hill A A, Urbano L D. A GIS-based model for urban flood inundation. [J]. Journal of Hydrology, 2009, 373 (1): 184-192.

[112] Zhang S, Wang T, Zhao B. Calculation and visualization of flood inundation based on a topographic triangle network [J]. Journal of Hydrology, 2014, 509 (4): 406-415.

[113] Liang Q, Du G, Hall J W, et al. Flood Inundation Modeling with an Adaptive Quadtree Grid Shallow Water Equation Solver [J]. Journal of Hydraulic Engineering, 2008, 134 (11): 1603-1610.

[114] Lane S N, Bradbrook K F, Richards K S, et al. The application of computational fluid dynamics to natural river channels: three-dimensional versus two-dimensional approaches [J]. Geomorphology, 1999, 29 (1-2): 1-20.

[115] Zhang T, Ping F, Maksimović, et al. Application of a Three-Dimensional Unstructured-Mesh Finite-Element Flooding Model and Comparison with Two-Dimensional Approaches [J]. Water Resources Management, 2016, 30 (2): 823-841.

[116] Schubert J E, Sanders B F. Building treatments for urban flood inundation models and implications for predictive skill and modeling efficiency [J]. Advances in Water Resources, 2012, 41 (2): 49-64.

[117] Mignot E, Paquier A, Haider S. Modeling floods in a dense urban area using 2D shallow water equations [J]. Journal of Hydrology, 2006, 327 (1-2): 186-199.

[118] Aronica G T, Lanza L G. Drainage efficiency in urban areas: a case study [J]. Hydrological Processes, 2005, 19 (5): 1105-1119.

[119] Wilson M D, Atkinson P M. The use of elevation data in flood inundation modelling: A

comparison of ERS interferometric SAR and combined contour and differential GPS data [J]. International Journal of River Basin Management, 2005, 3 (1): 3-20.

[120] Remondino F, Barazzetti L, Nex F, et al. UAV photogrammetry for mapping and 3D modeling-current status and future perspectives [J]. ISPRS-International Archives of the Photogrammetry, Remote Sensing and Spatial Information Sciences, 2011, XXXVIII-1/C22: 25-31.

[121] Everaerts J. The use of unmanned aerial vehicles (UAVS) for remote sensing and mapping [J]. IAPRS&SIS, 2008, 37 (1): 1187-1192.

[122] Zainuddin K, Jaffri M H, Zainal M Z, et al. Verification test on ability to use low-cost UAV for quantifying tree height [J]. 2016, 1: 317-321.

[123] 吴永亮, 陈建平, 姚书朋, 等. 无人机低空遥感技术应用 [J]. 国土资源遥感, 2017, 29 (4): 120-125.

[124] 李忠强, 王瀚宇, 刘婷婷, 等. 基于 Pix4Dmapper 的无人机数据自动化处理技术探讨 [J]. 海洋科学, 2018, 42 (1): 39-44.

[125] 王艳梅, 李楠, 魏林, 等. 基于无人机航测的 DEM 数据生产及编辑 [J]. 2014, 24 (5): 330-336.

[126] Zhou Y, Wang Y, Gold A J, et al. Modeling watershed rainfall-runoff relations using impervious surface-area data with high spatial resolution [J]. Hydrogeology Journal, 2010, 18 (6): 1413-1423.

[127] Gironás J, Roesner L A, Rossman L A, et al. A new applications manual for the Storm Water Management Model (SWMM) [J]. Environmental Modelling and Software, 2010, 25 (6): 813-814.

[128] Marsalek J, Dick T M, Wisner P E, et al. Comparative evaluation of three urban runoff models [J]. Journal of the American Water Resources Association, 1975, 11 (2): 306-328.

[129] Terstriep M L, Stall J B. The Illinois Urban Drainage Area Simulator, ILLUDAS [J]. Bull State ILL Dep Regist Educ ILL State Water Surv, 1974.

[130] Fiddes D. The trrl east african flood model [J]. Design Storm, 1976, 16 (3): 111-129.

[131] Maranzoni A, Dazzi S, Aureli F, et al. Extension and application of the Preissmann slot model to 2D transient mixed flows [J]. Advances in Water Resources, 2015, 82 (26): 70-82.

[132] Samuels P G, Skeels C P. Stability Limits for Preissmann's Scheme [J]. Journal of Hydraulic Engineering, 1990, 116 (8): 997-1012.

[133] 宋桂云, 韩龙喜. 数值模拟明渠跨临界水流的删减对流项方法研究 [J]. 水力发电学报, 2012, 31 (2): 79-86.

[134] MacDonald I. B M J N. University of reading [R]. Department of Mathematics., 1995.

[135] Wiggert D C. Transient flow in free-surface, Pressurized systems [J]. Journal of the Hydraulics Division, 1972, 98 (1): 11-27.

[136] 张博超. 连续突缩突扩之明渠水流之研究 [D]. 台南: 台湾成功大学, 1993.

[137] Rutter A J, Kershaw K A, Robins P C, et al. A predictive model of rainfall intercep-

tion in forests 1. Derivation of the model from observations in a plantation of corsican pine [J]. Agricultural Meteorology, 1972, 9: 367-384.

[138] Vrugt J A, Dekker S C, Bouten W. Identification of rainfall interception model parameters from measurements of throughfall and forest canopy storage [J]. Water Resources Research, 2003, 39 (9).

[139] Calder I R. A model of evaporation loss (interception plus transpiration) from a spruce forest, based [J]. Journal of Hydrology, 1977, 33 (3): 247-265.

[140] 袁显贵. 基于GIS的SWMM模型在新城区雨水管网设计中的应用研究 [D]. 赣州: 江西理工大学, 2014.

[141] 温婵娟, 欧嘉蔚, 贾金原. GPU通用计算平台上的SPH流体模拟 [J]. 2010, 22 (3): 406-411.

[142] 曾冬. 基于DualSPHysics模型的越浪数值模拟 [D]. 天津: 天津大学, 2017.

[143] Liu G R, Liu M B. Smoothed Particle Hydrodynamics [M]. Singapore: World Scienctific Pub Co Inc, 2003.

[144] Liu G R, Karamanlidis D. Mesh Free Methods: Moving beyond the Finite Element Method [J]. Applied Mechanics Reviews, 2003, 56 (2): B17-B18.

[145] Monaghan J J. Smoothed Particle Hydrodynamics [J]. Annu. rev. astrophys, 2010, 30 (68): 1703.

[146] Sibilla S. Fluid mechanics and the SPH method: theory and applications [J]. Journal of Hydraulic Research, 2013, 51 (3): 339-340.

[147] Monaghan J J. SPH without a Tensile Instability [J]. Journal of Computational Physics, 2000, 159 (2): 290-311.

[148] Wendland H. Piecewise polynomial, positive definite and compactly supported radial functions of minimal degree [J]. Advances in Computational Mathematics, 1995, 4 (1): 389-396.

[149] Lo E Y M, Shao S. Simulation of near-shore solitary wave mechanics by an incompressible SPH method [J]. Applied Ocean Research, 2002, 24 (5): 275-286.

[150] Dalrymple R A, Rogers B D. Numerical modeling of water waves with the SPH method [J]. Coastal Engineering, 2006, 53 (2): 141-147.

[151] Molteni D, Colagrossi A. A simple procedure to improve the pressure evaluation in hydrodynamic context using the SPH [J]. Computer Physics Communications, 2009, 180 (6): 861-872.

[152] Monaghan J J. Simulating Free Surface Flows with SPH [J]. Rep. Progr. Phys., 2005, 68: 1703-1759.

[153] Monaghan J J, Cas R A F, Kos A M, et al. Gravity currents descending a ramp in a stratified tank [J]. Journal of Fluid Mechanics, 1999, 379: 39-69.

[154] Verlet L. Computer "Experiments" on Classical Fluids. I. Thermodynamical Properties of Lennard-Jones Molecules [J]. Health Physics, 1967, 22 (1): 79-85.

[155] Leimkuhler B J, Reich S, Skeel R D. Integration methods for molecular dynamics [J]. Institute for Mathematics & Its Applications, 1996, 82: 161-185.

[156] Monaghan J J. Smoothed Particle Hydrodynamics [J]. Reports on Progress in Physics,

2005，68 (8)：1703-1759.

[157] Monaghan J J, Kos A. Solitary Waves on a Cretan Beach [J]. J. Waterway, Port, 1999，125 (3)：145-154.

[158] Monaghan J J, Kos A, Issa N. Fluid Motion Generated by Impact [J]. Journal of Waterway, Port, Coastal, and Ocean Engineering，2003，129 (6)：250-259.

[159] Arnason H. Interactions between an Incident Bore and a Free-Standing Coastal Structure [D]. Washington：University of Washington，2005.

[160] Gómez-Gesteira M, Crespo A J C, Rogers B D, et al. SPHysics-development of a free-surface fluid solver-Part 2：Efficiency and test cases [J]. Computers & Geosciences，2012，48：300-307.

[161] 李海州，唐振远，万德成. GPU 技术在 SPH 上的应用 [C]//第二十七届全国水动力学研讨会文集，2015.